数字时代图书馆学情报学青年论丛（第三辑）

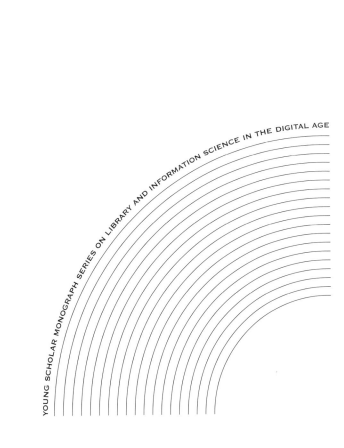

YOUNG SCHOLAR MONOGRAPH SERIES ON LIBRARY AND INFORMATION SCIENCE IN THE DIGITAL AGE

基于语义场要素图谱的科技项目关联性分析（项目编号：2020103310）研究成果
某数据模型管理与项目查重方法及手段研究（项目编号：2021133010）成果

基于知识图谱的
科研项目申请书重复检测研究

Study on duplicate detection for scientific project applications based on knowledge graph

胡献君　林鑫　张瑜　著

WUHAN UNIVERSITY PRESS
武汉大学出版社

图书在版编目(CIP)数据

基于知识图谱的科研项目申请书重复检测研究/胡献君,林鑫,张瑜著.—武汉:武汉大学出版社,2022.9

数字时代图书馆学情报学青年论丛.第三辑

ISBN 978-7-307-23297-6

Ⅰ.基⋯ Ⅱ.①胡⋯ ②林⋯ ③张⋯ Ⅲ.科研项目—申请—文书—检测—研究—中国 Ⅳ.G322

中国版本图书馆 CIP 数据核字(2022)第 163148 号

责任编辑:詹 蜜 责任校对:李孟潇 版式设计:马 佳

出版发行:**武汉大学出版社** (430072 武昌 珞珈山)

(电子邮箱:cbs22@whu.edu.cn 网址:www.wdp.com.cn)

印刷:武汉中远印务有限公司

开本:720×1000 1/16 印张:15.25 字数:226 千字 插页:2

版次:2022 年 9 月第 1 版 2022 年 9 月第 1 次印刷

ISBN 978-7-307-23297-6 定价:48.00 元

目　　录

1 绪 论

1.1 研究背景与意义

1.1.1 研究背景

《中华人民共和国国民经济和社会发展第十四个五年规划》和《2035年远景目标纲要》中提出，坚持创新在我国现代化建设全局中的核心地位，把科技自立自强作为国家发展的战略支撑，充分体现了党和国家对科技创新的重视。同时，习近平总书记也曾多次强调科技创新的重要性，提出为实现"两个一百年"的奋斗目标，实现中华民族的伟大复兴，要始终坚持把科技创新摆在国家发展全局的核心位置。

我国现行科技创新体系中，由国家和地方财政资金支持的科学研究，是推动科技创新的重要力量。当前，此类科学研究的管理主要采用课题制，即以课题或项目为中心、以课题组为基本活动单位进行科学研究的组织、管理①。这种模式下，科研项目的获批立项

① 国务院办公厅. 国务院办公厅转发科技部等部门关于国家科研计划实施课题制管理规定的通知[EB/OL].［2021-10-13］. http://www.gov.cn/zhengce/content/2016-10/11/content_5117424.htm.

不但成为影响科学研究与科技创新的关键环节，而且进一步传导至高校、科研机构、科研人员的管理、评价，因此重复立项会产生很大的负面影响。其一，重复立项会造成财政资金的浪费或低效利用；其二，财政资金支持的科研项目常常有数量或资金规模限制，重复立项会带来较高的机会成本，导致部分高质量的科研项目无法获得立项；其三，科研机构的招生指标、绩效考核、声誉评价等，以及科研人员的职称晋升、绩效考核等可能都与科研项目立项相关，因此重复立项不但有违科研项目创新性的基本要求，而且会造成较严重的级联影响，进而破坏科学研究的良好生态。

为应对项目重复立项问题，我国各级各类科研管理部门开展了一系列的治理工作。一方面制定了多项管理制度，并采取了多种管理举措；另一方面加强技术手段建设，部分科研项目资助或管理机构建设了项目申请书重复检测系统，如国家自然科学基金委员会于2011年就上线了项目相似度检查系统①。尽管治理成效显著，但项目重复问题仍然严重，如国家自然科学基金委员会近几年公布的科研不端案件中，每年都有数起项目重复案件，这还是在重复对象限制在历史国家自科基金申请书的情况下发现的。

显然，造成科研项目重复问题屡禁不止的重要原因是重复线索的自动发现手段仍然不够完善，导致部分科研人员仍存在侥幸心理：其一，我国的科研项目管理工作处于"条块分割"的状态，各个机构相互之间并没有实现申请书资源的共享，发现跨部门项目重复的资源基础欠缺；其二，科研项目申请书重复检测实践中，大量非关键内容无差别地参与申请书内容重复检测，带来较多的重复线索误报，不但加大了审核工作量，还使得出于可操作性的考虑，放弃了对总体重复率较低申请书的复核，部分重复线索被忽略；其三，受相似性检测算法性能的影响，语义层面的重复线索识别率不高；其四，科研项目申请书重复检测实践中，多采用了与文献重复检测相似的思路，通过与海量基础资源的无差别比对分析

2

---

① 王立东. 试论国家自然科学基金资助项目重复申报问题[J]. 辽宁行政学院学报，2018(4)：90-93.

发现重复线索，这种策略为保证检测效率牺牲了一定的全面性要求；其五，重复检测中以文本为主，图像、表格、公式等非文本形态的对象经常不参与重复检测，这些都加重了重复线索的漏报。

针对上述问题，一方面需要研究设计科研项目申请书共建共享方案，建设覆盖全面的基础资源体系；另一方面需要完善科研项目申请书重复检测机制，在完善各类模态要素重复检测算法的同时，充分利用申请书重复以熟人（含科研人员自己）之间为主的特点，引入知识图谱技术对申请书资源进行知识化解析与组织，在重复检测中支持系统依据知识图谱快速锁定重点检测对象与比对范围，提升重复线索识别的质量，减少漏报和误报，为科研项目重复治理提供技术支撑。因此，需要开展基于知识图谱的科研项目申请书重复检测研究。

1.1.2 研究意义

开展基于知识图谱的科研项目申请书重复检测研究，既涉及信息资源管理多方面的基本理论，也具有较强的实践应用价值，因此具有理论与实践意义。

（1）理论意义

围绕科研项目申请书重复检测中的资源建设、组织与比对分析各个环节，研究了基础资源建设方案、申请书资源知识组织方法与针对多种模态对象的重复检测技术，对信息资源管理多个领域的理论深化具有促进作用。

①丰富信息资源共建共享理论。立足科研项目申请书分布分散、敏感性与涉密性强的基本特点，构建了面向重复检测的科研项目申请书资源共建共享模型，有别于面向公开出版的科技文献资源的共建共享，有助于丰富信息资源共建共享理论。

②丰富信息组织理论。为更好支撑科研项目申请书重复检测，提出了科研项目申请书细粒度语义标注模型，实现项目基本信息、

3

正文各模态要素和关键功能单元的语义标注，并以此为基础进行知识图谱构建，形成多实体要素的语义关联，有助于丰富信息组织理论。

③丰富学术信息语义分析理论。结合科研项目申请书中的学术信息特点，利用自然语言处理与机器视觉技术，设计了深入语义层面的文本、图像、公式、表格相似性检测方法，有助于丰富学术信息语义分析理论。

(2)实践意义

重复检测本身就是一个实践性较强的研究主题，研究成果能够为科研管理机构开展诚信治理和其他类型信息资源的重复检测提供参考。

①对构建科研项目申请书重复检测与预警系统具有参考价值。本研究不但提出了针对科研项目申请书重复检测的基础资源建设策略、文档解析方法、资源组织方法、重复比对模型，还进行了原型系统构建，这些成果能够为各级各类科研项目管理机构构建科研项目申请书重复检测与预警系统具有直接参考价值。

②对其他类型信息的重复检测具有参考价值。本研究所提出的重复检测中应重点关注被检对象关键内容模块的思路，有助于大幅检索重复线索的误报，提升重复线索复核的现实可行性；所构建针对多模态信息内容要素的重复检测方法及融合多模态的综合相似度计算方法，都可以为学术论文、专利等其他类型信息的重复检测提供参考。

1.2　国内外研究现状

尽管科研项目申请书与其他类型文档的重复检测具有明显区别，但其也具有多方面的共性，包括重复检测的实施思路、共性关键技术等。基于此，首先对包括科研项目申请书重复检测在内的各类文档重复检测研究与实践进行综述，继而分别围绕文本重复检测技术、图像重复检测技术、公式重复检测技术等 3 类共性关键技术的进展进行综述，从而全面梳理相关领域的研究进展。

1.2.1 科技文档重复检测研究

科技文档重复检测是重复检测技术的一种应用，是检测科研诚信、科研论文抄袭、专利侵权、科研项目重复申报的重要方法①。对国内外现有文档重复检测研究进行梳理发现，科技文档重复检测主要是针对不同类型的文档资料进行查重技术方法和实践机制的研究。

针对学术论文、技术专利等科技文档开展的重复检测研究中，一是对已有实践进行调研，归纳总结当前存在的问题并提出改进建议。例如徐仲从检测范围、文献引证检测和图表相似性检测等方面对万方论文相似性检测系统和 CNKI 学术不端文献检测系统进行了比较分析②。张旻浩等从工作方式、技术特点、核心数据库等维度对国内外各种学术不端文献检测系统平台进行了比较分析，并为优化构建学术不端文献检测系统提供建议③。蒋勇青等基于万方检测系统中的实际检测统计数据，分析引用或非典型性引用以及存在抄袭可能性的文献的内容特征，为检测系统比对资源建设提供可行策略与发展思路④。二是围绕科技文档的重复检测进行优化方案设计。如徐彤阳等针对学术论文中的图像数据，提出了一种图像篡改

---

① 林建海. 相似度计算在科技项目管理系统中的研究及应用[D]. 杭州：杭州电子科技大学，2014.

② 徐仲. 两种学术不端检测系统的差异性及问题讨论[J]. 图书馆理论与实践，2014(8)：20-22.

③ 张旻浩，高国龙，钱俊龙. 国内外学术不端文献检测系统平台的比较研究[J]. 中国科技期刊研究，2011，22(4)：514-521.

④ 蒋勇青，刘芳，于洋. 学术文献相似性检测比对资源应用分析与建设策略探究——基于万方检测系统的实证分析[J]. 数字图书馆论坛，2017(12)：39-44.

检测平台框架①。张姣对科技论文剽窃检测中的判断指标进行了探究，提出在合适阈值下，将相似比例作为量化文档剽窃程度的指标具有一定可信度②。曹祺等基于未进行清洗的专利语料库，采用深度学习的 Doc2Vec 模型，提出了一种对分析人员专利领域知识要求较低的专利相似度分析方法③。俞琰等应用词向量模型获取专利文本中的语义信息，并结合词的统计特征，提出了一种新的专利相似度测量方法④。

目前，国外并没有项目查重这一概念⑤，而国内学者们针对科技项目申请书这类资源，主要基于申请书中的项目基本信息、研究内容、研究成果等要素进行了相似度计算，以判断其是否存在项目重复申报问题。其中，罗灏以项目名称、研究内容、技术指标等项目书具体内容项作为计算单元，分别计算其语义相似度，然后通过加权得到科研项目书面的语义相似度⑥。李善青等以科研项目的基本信息、发表论文信息、关键词、负责人信息和承担机构等要素对象，利用多源数据整合方法，构建了科研项目相似度判别模型⑦。随后，其还整合了项目产出的科技报告、学术论文等成果，通过抽取其中的关键词、标题等数据，对项目的研究内容进行描述，为项

① 徐彤阳，任浩然. 数字图书馆视域下学术论文图像篡改造假检测研究[J]. 现代情报，2018，38(7)：81-87.
② 张姣. 相似比例在科技论文剽窃检测中的适用性评价[J]. 中国科技期刊研究，2021，32(11)：1355-1361.
③ 曹祺，赵伟，张英杰，赵树君，陈亮. 基于 Doc2Vec 的专利文件相似度检测方法的对比研究[J]. 图书情报工作，2018，62(13)：74-81.
④ 俞琰，陈磊，姜金德，赵乃瑄. 结合词向量和统计特征的专利相似度测量方法[J]. 数据分析与知识发现，2019，3(9)：53-59.
⑤ 张新民，张爱霞，郑彦宁. 科技项目查重系统构建研究[J]. 情报学报，2016，35(9)：917-922.
⑥ 罗灏. 基于语义的科技项目相似度计算研究[D]. 杭州：杭州电子科技大学，2012.
⑦ 李善青，赵辉，宋立荣，等. 基于大数据挖掘的科技项目查重模型[J]. 图书馆论坛，2014(2)：78-83.

目查重提供数据支撑①。

在科技文档重复检测实践方面，目前，国内外已有许多相对成熟的论文查重系统，如 CNKI 科技期刊学术不端文献检测系统（AMLC）、维普论文检测系统（VPCS）、万方文献相似性检测服务平台、超星旗下的大雅论文检测系统、英文检测系统 Turnitin 以及 CrossCheck 等。同时，国内部分科研项目管理系统也针对项目申请书设计了查重功能，如国家科技管理信息系统公共服务平台中设置了项目申请查询模块，学者们可以在此模块中对申请人项目承担情况进行查询，避免超项申请②。在科学基金网络信息系统中，国家自然科学基金项目申请人可以在系统中查询历年的项目立项情况，以避免重复申请和超项申请。同时，国家自然科学基金委还会结合申请人往年申请项目以及系统累计项目，对新申请项目的申请文本进行查重③。在浙江省和天津市等地方性科研项目管理平台中，也分别对申请项目进行了相似性检测，查重范围包含但不限于项目申请人在项目技术研发进程中，获得的其他市级科技计划资助项目④。

1.2.2 文本重复检测关键技术研究

按照研究对象的信息粒度来分，文本重复检测研究成果主要集中在词语、句子以及文档等层面的相似度计算上。

基于字符串的重复检测，主要是对原始文本数据进行处理，比

① 李善青. 一种用于科技项目查重的数据整合及描述模型[J]. 情报工程, 2017, 3(5): 53-59.
② 国家科技管理信息系统公共服务平台[EB/OL]. [2022-05-17]. http://service.most.gov.cn/.
③ NSFC[EB/OL]. [2022-05-17]. http://www.nsfc.gov.cn.
④ 天津市科技发展局[EB/OL]. [2022-05-17]. http://www.teda.gov.cn/website/htmlKkfzij(GGLmore101712015-12-07/Detail_619624.htm.

较字符串的共现和重复程度，来判断其相似度。这种方法最早可以追溯到 20 世纪 70 年代，当时有学者提出通过属性计数的方法来进行重复计算①②③。随着自然语言处理技术的不断发展，Brin、Carcia Molina 等设计了一种基于文本字符串匹配的自然语言查重算法，并成功应用于 COPS（copy protection system）文本检测系统中④。随着机器学习的广泛应用，Grozea、Oberreuter 和 Torrejon 等学者还分别利用词袋模型⑤、N-gram 模型⑥⑦、TFIDF 模型⑧等方法来进行文本表示，并结合 Jaccard 系数、Dice 距离、余弦距离等对词语相似度进行计算，以识别重复文本。然而，为躲避重复检测，文档中通常会使用词或短语的同义词替换等释义重复手段，这使得抄袭文本片段存在外表不相同而语义相同的现象。而重复文本匹配更多地要求文本语义的匹配，上述重复检测方法无法处理"一

①　Verco K L, Wise M J. Software for detecting suspected plagiarism：Comparing structureand attribute-counting systems［C］//ACM International Conference Proceeding Series，1996（1）：81-88.

②　Grier S. A tool that detects plagiarism in Pascal programs［C］//ACM SIGCSE Bulletin. ACM，1981，13（1）：15-20.

③　Prechelt L, Malpohl G, Philippsen M. Finding plagiarisms among a set of programs with JPlag［J］. J. UCS，2002，8（11）：1016-1038.

④　Brin S, Davis J, Garcia-Molina H. Copy detection mechanisms for digital documents［C］//ACM SIGMOD Record，ACM，1995，24（2）：398-409.

⑤　ZHANG C, Chen L, Li Q. Chinese text similarity algorithm based on PST_LDA［J］. Application research of computers，2016，33（2）：375-377.

⑥　王贤明，胡智文，谷琼. 一种基于随机 N-grams 的文本相似度计算方法［J］. 情报学报，2013，32（7）：716-723.

⑦　Stefanovič P, Kurasova O, Štrimaitis R. The n-grams based text similarity detection approach using self-organizing maps and similarity measures［J］. Applied sciences，2019，9（9）：1870.

⑧　Kong L, Qi H, Wang s, et al. Approaches for Candidate Document Retrieval and Detailed Comparison of Plagiarism Detection［C］. 2012 Cross Language Evaluation Forum Conference，Working Notes Papers of the CLEF 2012 Evaluation Labs，Rome，Italy，September 17-20，2012. CEUR Workshop Proceedings，2012：1-6.

词多义"和"一义多词"等问题，因此，Islam、Camacho-Collados 等进一步提出使用基于语义词典或语料库的语义相似方法，来解决同义词的匹配问题①②。但这类方法受到语义词典规模和语言类型的限制，难以全面覆盖丰富的概念以及概念之间的关系。

　　基于此，学者们开始将句法特征应用于文本重复检测之中，主要是通过理解文本中句法元素的排列方式，来进行相似度判断。在句子层面的相似度计算研究中，Blanco 等结合从逻辑验证派生出的语义特征和监督机器学习框架，提出三层逻辑形式转换的句法分析方法，来获得相似度分数③。李茹等基于汉语框架网（CFN）类语义资源，对句子进行多框架语义描述，并利用其中重要度高的框架来计算句子相似度④。Potthast 等针对句法结构相似的欧洲语种，提出可以使用 N-gram 模型对句法特征进行标记，来实现跨语种文本重复检测⑤。但是，这种方法对于句法结构变化较大的可疑文本来说，仍然不太适用。

　　随着各种深度学习模型的流行，文本重复检测研究开始从传统文本匹配模型向深度文本匹配模型转移，这种方法，主要是基于有监督或无监督的深度学习模型，对生成的文本向量进行相似度计算⑥。

---

①　Islam A, Inkpen D. Semantic Similarity of Short Texts［J］. Recent Advancesin Natural Language Processing，2007(309)：227-236.

②　Camacho-Collados J，Pilehvar M T，Navigli R. Nasari：a novel approach to a semantically-aware representation of items［C］//Proceedings of the 2015 Conference of the North American Chapter of the Association for Computational Linguistics：Human Language Technologies. 2015：567-577.

③　Blanco E，Moldovan D. A Semantic Logic-Based Approach to Determine Textual Similarity［J］. IEEE/ACM Transactions on Audio，Speech，and Language Processing，2015，23(4)：683-693.

④　李茹，王智强，李双红，梁吉业，Collin Baker. 基于框架语义分析的汉语句子相似度计算［J］. 计算机研究与发展，2013，50(8)：1728-1736.

⑤　Potthast M，Barron-Cedeio A，Stein B，et al. Cross-language Plagiarism Detection［J］. Language Resources and Evaluation，2011，45(1)：45-62.

⑥　庞亮，兰艳艳，徐君，郭嘉丰，万圣贤，程学旗. 深度文本匹配综述［J］. 计算机学报，2017，40(4)：985-1003.

其中，Huang①、Shen②③、Hu④ 和 Palangi⑤ 等分别基于 DNN、CNN 和 RNN 提出相关语义结构模型，在对两个待匹配文本进行向量化处理的基础上，实现文本相似度计算。Wan 等则是综合考虑文本中词汇的局部性含义和句子的全局性含义，基于多视角循环神经网络构建多粒度的文本匹配模型以进行文本匹配⑥。Pang 等基于深度学习模型，对文档中关键词及关键词之间的相对位置进行识别，通过直接匹配实现重复检测⑦。Zhao 等基于交互式注意网络，提出了一种深度神经语义文本匹配模型，来对目标文本与源文本进

① Huang P S, He X, Gao J, et al. Learning Deep Structured Semantic Modelsfor Web Search using Clickthrough Data[C]// Proceedings of the 22nd ACM International Conference on Conference on Information & Knowledge Management, Amazon, India, 2013：2333-2338.

② Shen Y, He X, Gao J, etal. A Latent Semantic Model with Convolutional-Pooling Structure for Information Retrieval[C]// ACM International Conference on Conference on Information and Knowledge Management. Shanghai, China, November 3-7, 2014. ACM New York, NY, USA, 2014：101-110.

③ Shen Y, He X, Gao J, et al. Learning Semantic Representations Using Convolutional Neural Networks for Web Search [C]// Proceedings of the 23rd International Conference on World Wide Web, Seoul, Korea, 2014：373-374.

④ Hu B, Lu Z, Li H, et al. Convolutional Neural Network Architectures for Matching Natural Language Sentences [C]// International Conference on Neural Information Processing Systems, Palais des Congres de Montreal, Montreal CANADA, December 8-13, 2014. MIT Press, 2014：2042-2050.

⑤ Palangi H, Deng L, Shen Y, et al. Deep Sentence Embedding Using LongShort-term Memory Networks：Analysis and Application to Information Retrieval [J]. IEEE/ACM Transactions on Audio, Speech and Language Processing (TASLP), 2016, 24(4)：694-707.

⑥ Wan S, Lan Y, Guo J, et al. A Deep Architecture for Semantic Matching with Multiple Positional Sentence Representations[C]// The 30th AAAI Conference on Artificial Intelligence. Phoenix, USA, February 12-17. AAAI, 2016：2835-2841.

⑦ Pang L, Lan Y, Guo J, et al. Text Matching as Image Recognition[C]// The 30th AAAI Conference on Artificial Intelligence. Phoenix, USA, February 12-17. AAAI, 2016：2793-2799.

行语义匹配①。针对长文本，Chen 等基于 BiGRU-DAttention-DSSM
提出了一种深度匹配模型，以实现长文本的质量保证匹配②。余传
明等基于匹配-聚合框架和 DITM 模型，提出了一种深度交互文本
匹配模型，应用于信息检索、文本挖掘等领域以实现文本匹配③。
李纲等针对技术供需文本，构建了基于多层语义相似的文本匹配模
型，来计算技术供需文本中的词相似度和语句相似度④。

1.2.3 图片重复检测关键技术研究

在对图像数据的重复检测研究中，主要对图像的相似度进行度
量。相关方法可分为基于图核、图匹配的相似度计算方法以及基于
图神经网络的度量方法。

基于图核的图相似度计算方法可进一步细分为基于路径的度量
方法和基于树结构的度量方法。其中，基于路径的图像相似度计
算，主要是将图像分为多条路径，对图像间的随机路径、最短路径
和公共路径进行对比，来判断其相似度。在相关研究中，Gärtner、
Mahé 等基于随机路径图核，对图像间的公共路径进行计算，通过
路径数量判断相似度⑤⑥。Borgwardt 等提出基于最短路径图核，对

① Zhao S, Huang Y, Su C, et al. Interactive attention networks for
semantic text matching［C］//2020 IEEE International Conference on Data Mining
（ICDM）. IEEE, 2020：861-870.

② Chen S, Xu T. Long Text QA Matching Model Based on BiGRU –
DAttention – DSSM［J］. Mathematics, 2021, 9（10）：1129.

③ 余传明, 薛浩东, 江一帆. 基于深度交互的文本匹配模型研究［J］.
情报学报, 2021, 40（10）：1015-1026.

④ 李纲, 余辉, 毛进. 基于多层语义相似的技术供需文本匹配模型研
究［J］. 数据分析与知识发现, 2021, 5（12）：25-36.

⑤ Gärtner T, Flach P, Wrobel S. On graph kernels：Hardness results and
efficient alternatives［M］//Learning theory and kernel machines. Springer, Berlin,
Heidelberg, 2003：129-143.

⑥ Mahé P, Ueda N, Akutsu T, et al. Extensions of marginalized graph
kernels［C］//Proceedings of the twenty-first international conference on Machine
learning, 2004：70.

11

图像任意两顶点间的最短路径进行计算，通过长度相同的最短路径数量来判断图像的相似度①。Elzinga、He、Milovanovic 等针对较大的图数据集，提出通过计算图之间的公共路径数、ticket 数等来计算图像的相似度②③④。相对来说，基于公共路径图核的度量方法考虑了图中的所有路径，包含了图中所有的顶点和边信息，相似度计算结果相对更加准确。

基于树结构的图像相似度计算，其基本思路是通过层次聚类、K^2树方法等将图像转化为树结构，来进行相似度计算。其中，Neumann 等通过将树分解为子树集合，通过计算子树间的相似度来对图像实现查重⑤。肖冰等通过计算树编辑距离来判断图像的相似度⑥。Wang 等提出了 K-AT 算法，主张通过基于树结构的 q-gram 来表示图片特征⑦。Zhu 等对图像的子树结构进行相似性全匹配，通过精确图匹配来判断图相似性⑧。

①　Borgwardt K M, Kriegel H P. Shortest-path kernels on graphs[C]//Fifth IEEE international conference on data mining (ICDM'05). IEEE, 2005：8.

②　Elzinga C H, Wang H. Kernels for acyclic digraphs [J]. Pattern Recognition Letters, 2012, 33(16)：2239-2244.

③　He J, Liu H, Yu J X, et al. Assessing single-pair similarity over graphs by aggregating first-meeting probabilities[J]. Information Systems, 2014(42)：107-122.

④　Milovanovic I Z, Milovanovic E I. Remarks on the energy and the minimum dominating energy of a graph [J]. MATCH Commun. Math. Comput. Chem, 2016(75)：305-314.

⑤　Neumann M, Garnett R, Moreno P, et al. Propagation kernels for partially labeled graphs[C]//ICML‐2012 Workshop on Mining and Learning with Graphs (MLG‐2012), Edinburgh, UK. 2012：22-26.

⑥　肖冰, 李洁, 高新波. 一种度量图像相似性和计算图编辑距离的新方法[J]. 电子学报, 2009, 37(10)：2205-2210.

⑦　Wang G, Wang B, Yang X, et al. Efficiently indexing large sparse graphs for similarity search [J]. IEEE Transactions on Knowledge and Data Engineering, 2010, 24(3)：440-451.

⑧　Zhu G, Lin X, Zhu K, et al. TreeSpan: efficiently computing similarity all-matching[C]//Proceedings of the 2012 ACM SIGMOD International Conference on Management of Data. 2012：529-540.

基于图匹配的相似度计算方法，可细分为精确图匹配和非精确图匹配，其中非精确匹配主要是通过图编辑距离来度量图片相似度。具体来说是将原图像转化为新图，通过计算转化中所需的最小代价来判断图之间的相似度。代表性研究包括，Fankhauser 等依据图的编辑代价矩阵，计算图的编辑距离来判断相似性①；Costa 等提出了邻近子图距离的计算方法，主张通过计算图中的同构邻近子图，来进行相似度计算②；Zhao 等提出面向相似度连接的 GSim Join 算法，在基于 q-gram 表示图特征的基础上，通过减少图编辑距离相似度计算的次数，实现了对 q-gram 算法的优化③；王春静等提出了基于图像 k 近邻的相似度测量方法，依据图像语义特征进行相似度匹配④。

　　基于图神经网络的度量方法，主要是通过训练深度学习模型，来进行图片查重。其中，Li 等构建图匹配网络模型，通过计算图结构化对象的相似度来进行匹配⑤。Bai 等基于图编辑距离和最大公共子图，利用卷积神经网络，构建 SimGNN 模型来计算图片的相似度⑥⑦。

————————————

　　① Fankhauser S, Riesen K, Bunke H. Speeding up graph edit distance computation through fast bipartite matching [C]//International Workshop on Graph-Based Representations in Pattern Recognition. Springer, Berlin, Heidelberg, 2011：102-111.

　　② Costa F, De Grave K. Fast neighborhood subgraph pairwise distance kernel[C]//ICML. 2010：102-111.

　　③ Zhao X, Xiao C, Lin X, et al. Efficient graph similarity joins with edit distance constraints [C]//2012 IEEE 28th international conference on data engineering. IEEE, 2012：834-845.

　　④ 王春静，许圣梅. 基于内容的图像检索的相似度测量方法[J]. 数据采集与处理，2017，32(1)：104-110.

　　⑤ Li Y, Gu C, Dullien T, et al. Graph matching networks for learning the similarity of graph structured objects [C]//International conference on machine learning. PMLR, 2019：3835-3845.

　　⑥ Bai Y, Ding H, Sun Y, et al. Convolutional set matching for graph similarity[J]. arXiv preprint arXiv：1810. 10866, 2018.

　　⑦ Bai Y, Ding H, Bian S, et al. Simgnn：A neural network approach to fast graph similarity computation[C]//Proceedings of the Twelfth ACM International Conference on Web Search and Data Mining, 2019：384-392.

Ying 等利用 DiffPool 生成图的层次表示，以端到端的方式与各种图神经网络架构相结合①。Lee 等提出了一种基于自注意力的图池化方法，来在池化的过程中同时考虑图的节点特征和图拓扑，实现对图片的有效识别②。

1.2.4 公式重复检测关键技术研究

公式指的是在自然科学中用数学形式表示几个量之间关系的式子，一般由变量、运算符、常量和括号等有序组成。在科技文档中，公式的表示方法有很多种，并且格式常常不统一，有图片、PDF 和 XML 格式等③。目前，公式相似性检测方法可以大致划分为基于文本方法、基于结构方法、基于混合方法和基于语义方法。

基于文本的公式重复检测方法主要思路是将公式转化为线性字符串或词袋模型，采用文本相似度的方式来进行计算，如 Richard 等提出利用向量空间模型方法来计算数学公式相似度④；秦玉平⑤和唐亚伟⑥等采用一种基于二叉树的数学表达式复制匹配算法，将输入的数学公式转化为二叉树结构，再通过归一化处理，根据公共

① Ying Z, You J, Morris C, et al. Hierarchical graph representation learning with differentiable pooling[J]. Advances in neural information processing systems, 2018, 31.

② Lee J, Lee I, Kang J. Self-attention graph pooling[C]//International conference on machine learning. PMLR, 2019: 3734-3743.

③ 徐建民，许彩云. 基于文本和公式的科技文档相似度计算[J]. 现代图书情报技术，2018, 002(10): 103-109.

④ Richard Z A, Bo Y B. Keyword and Image-Based Retrieval for Mathematical Expressions[J]. Proceedings of SPIE - The International Society for Optical Engineering, 2012, 7874(6): 1-10.

⑤ 秦玉平，唐亚伟，伦淑娴，等. 一种基于二叉树的数学公式匹配算法[J]. 计算机科学，2013, 40(5): 251-252.

⑥ 唐亚伟. 公式相似度算法及其在论文查重中的应用研究[D]. 渤海大学，2013.

子序列的长度来计算数学表达式之间的相似度；陈立辉等针对 LaTex 格式的数学公式的提取方法进行了探究，结合 BNF 表述方式，提出了自动分析提取包含 LaTex 公式特征的方法①。

基于结构方法的公式重复检测主要是将图片、PDF 等各种格式类型的公式转化为树结构，进行结构匹配。而基于混合的检测方法，则是在将公式转化为树结构后，基于其中的子树来进行相似度计算。其中，Kamali 等将公式转化为树形结构，基于树的最小编辑距离和节点数进行了公式相似度计算②；Chen 利用 MathML 对数学公式进行描述，随后将其转换成树结构进行相似比较③；刘志伟等基于 Content MathML 和 OpenMath 语言描述提出了数学公式搜索引擎系统 MathWbSearch④。基于置换树的索引方法，分析数学公式的结构和语义特征，实现对数学公式的检索，如 Zhang 基于公式的树结构提出影响公式相似度的因素有运算符分类距离、数据层次类型、匹配深度、公式覆盖度和表达式，并利用高度递归计算对公式树结构的相似度进行了计算⑤。

基于语义的方法则是在前述三种方法的基础上，将公式变量进行含义具化，以识别其相似度，如 Schubotz 等通过独立公式以及公式附近的文本信息，识别出公式中的变量与变量含义，将其作为特

① 陈立辉，苏伟，蔡川，陈晓云. 基于 LaTex 的 Web 数学公式提取方法研究［J］. 计算机科学，2014，41（6）：148-154.

② Kamali S, Tompa F W. Structural Similarity Search for Mathematics Retrieval［C］// International Conference on Intelligent Computer Mathem atics，Berlin：Springer，2013：246-262.

③ Chen H. Mathematical formula similarity comparing based on tree structure［C］//2016 12th International Conference on Natural Computation，Fuzzy Systems and Knowledge Discovery（ICNC-FSKD）. IEEE，2016：1169-1173.

④ 刘志伟. 数学搜索引擎研究［D］. 兰州大学，2011.

⑤ Zhang Q，Youssef A. An Approach to Math-similarity Search［C］// International Conference on Intelligent Computer Mathematics，Berlin：Springer，2014：404-418.

征向量，进行公式相似度计算①。而 Kristianto 等则认为利用公式附近的文本信息无法对公式进行有效解释，主张可以利用文档中所有的公式来构建公式与公式子式之间的依赖图②。Kristianto 等针对公式在文档中缺少解释这一问题，还提出可以在公式中链接维基百科，获取公式变量信息③。

1. 2. 5　研究述评

总体来看，国内外围绕科研项目申请书、学术论文、专利等多种类型文档的重复检测进行了研究与实践，并取得初步成果，说明本研究的开展具有较好的现实基础；同时，围绕文本、图像、公式等多种模态要素的重复检测问题，提出了多种技术方案，部分已经应用到重复检测实践中，这些成果也能够为本研究开展技术方案设计提供参考。然而，当前的研究与实践仍存在一些不足之处，既导致大量的重复线索误报，也存在较为严重的重复线索漏报，对科研项目申请环节的诚信治理支撑能力不够强。究其原因，一是研究与实践中主流思路是将科研项目申请书作为普通文档看待，在重复检测机制设计上未突出申请书的特色，大量非关键内容无差别地参与重复检测，引发了重复线索的大量误报；同时，未考虑到申请书无法像学术文献一样公开获取，内容重复以自我重复和熟人重复为主的基本现实，无差别地对海量基础资源进行检测比

---

①　Schubotz M, Grigorev A, Leich M, et al. Semantification of Identifiers in Mathematics for Better Math Information Retrieval [C] // Proceedings of the 39th International ACM SIGIR Conference on Research & Development in Information Retrieval, New York：ACM, 2016：135-144.

②　Kristianto G Y, Topi G, Aizawa A. Utilizing Dependency Relationships between Math Expressions in Math IR [J]. Information Retrieval Journal, 2017, 20 (2)：132-167.

③　Kristianto G Y, Goran Topic, Aizawa A. Entity Linking for Mathematical Expressions in Scientific Documents [C] // International Conference on Asian Digital Libraries, Berlin：Springer, 2016：144-149.

对，不但效率低下，而且极易产生线索误报和漏报。二是重复检测的技术方法需要进一步优化，文本重复检测对释义重复的线索识别率不高，图像、公式、表格的重复检测实践应用不足，而且效果有待进一步提升。三是相关研究侧重于重复检测系统设计与技术方案方面，对基础资源建设的研究较为欠缺；实践中则以机构内历史申请书作为基础资源，跨部门、跨层级整合不足，导致重复线索发现不够全面。

针对上述问题，研究拟综合运用情报学和计算机科学的相关理论和技术，首先开展科研项目申请书基础资源建设模式研究，构建基于共建共享的基础资源建设模式。其次，引入知识图谱技术，构建基于知识图谱的科研项目申请书重复检测与预警机制，利用知识图谱定位被检申请书中需要重点检测的内容片段及重点比对对象范围，在提升重复检测效率的同时，降低重复线索漏报和误报的风险。最后，结合科研项目申请书的内容特征，借鉴既有重复检测技术基础上，设计与科研项目申请书相适应的文本、图像、公式、表格重复检测模型，提升检测比对环节的效果。

1.3 研究内容与方法

在研究背景、意义和国内外研究现状分析的基础上，本书拟围绕基于知识图谱的科研项目申请书重复检测问题展开研究，研究内容、方法说明如下。

1.3.1 研究总体框架及内容

为实现基于知识图谱的科研项目申请书重复检测，首先需要建设覆盖全面的基础资源体系并完成知识图谱建设，这就需要研究申请书资源建设模式、申请书语义结构建模方法及知识图谱模式设计与技术实现方法；在此基础上还需要设计基于知识图谱的科研项目申请书重复检测、预警架构，以及文本、图像、公式、表格 4 类模

17

态要素的比对分析模型。为提升各类实施方案与模型的实用性，需要以开展科研项目重复申请情况调查分析为前提。此外，为验证所提出方案的可行性和效果，还需要进行原型系统实现。基于这一认识，研究拟按图 1-1 所示的框架展开。

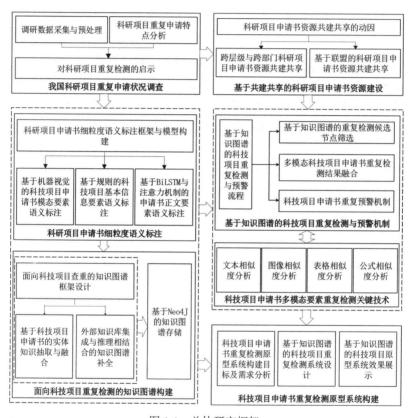

图 1-1　总体研究框架

与框架相对应，本书包括 8 个具体研究章节，各章内容概述如下：

(1) 绪论

分析研究开展的背景和意义，调研国内外相关领域的研究与实践现状，并对现状进行评价分析，明确研究的起点和切入点，提出并确立研究内容、方法和可能的创新点。

（2）我国科研项目重复申请状况调查及其对重复检测的启示

厘清我国科研项目重复申请的基本状况，能够为重复检测方案设计提供参考。为此，拟通过多种渠道搜集科研项目重复申请的典型案例，总结重复申请行为的特点，在此基础上分析其对重复检测工作的启示。

（3）基于共建共享的科研项目申请书资源建设

基础资源体系建设对重复检测的效果具有决定性影响，其中申请书资源是最为重要的组成部分。受申请书自身特点的影响，其建设模式应采用共建共享的思路。为此，拟首先分析科研项目重复检测主体开展资源共建共享的动因，进而分别针对科研项目管理机构与科研机构两类科研项目重复检测主体研究差异化的整合推进策略。

（4）知识抽取视角下的科研项目申请书细粒度语义标注方法

无论是科研项目申请书资源建设环节的知识图谱构建，还是重复检测环节的申请书预处理，都离不开对申请书内部各类知识要素的抽取。实现科研项目申请书的细粒度语义标注，能够将半结构化或非结构化的科研项目申请书转化成具有丰富语义信息的富文本形态，从而便于高效、精准地实现申请书中知识信息的抽取。为此，拟研究知识抽取视角下的科研项目申请书细粒度语义标注方法，实现申请人、机构等科研项目基本信息语义标注，立项依据、研究内容等申请书正文的功能单元标注，以及图像、文本、表格、公式等多模态内容要素的标注，进而为知识图谱构建及被检申请书预处理提供支持。

（5）面向科研项目申请书重复检测的知识图谱构建

实现基础资源的知识组织有助于高效开展科研项目申请书重复

检测，研究中拟采用知识图谱技术进行科研项目申请书基础资源的组织。研究中，拟首先面向科研项目申请书重复检测的要求进行知识图谱的模式设计，确定知识图谱中的实体及关系类型；构建基于语义化申请书的实体知识抽取及知识融合策略，以及基于外部知识库集成与规则推理的知识图谱补全模型，从而完成实体、属性及关系知识的提取；最后，拟研究基于 Neo4j 的知识图谱存储策略，实现知识图谱数据的高效存取与查询利用。

(6) 基于知识图谱的科研项目重复检测与预警机制

在完成知识图谱构建方法研究基础上，本章研究知识图谱应用于科研项目申请书重复检测与预警的实现机制，包括明确科研项目申请书重复检测、预警的目标与要求、设计基于知识图谱的重复检测与预警流程，提出基于知识图谱的重复检测候选节点筛选，构建多模态科研项目申请书内容片段重复检测机制与结果融合方法，设计面向科研管理的科研项目申请书重复预警机制。

(7) 科研项目申请书多模态要素重复检测关键技术

围绕文本、图像、公式、表格这 4 类科研项目申请书重复检测中的具体模态要素，研究与科研项目申请书相适应的重复检测技术。对于文本，拟结合预训练模型与机器翻译进行检测模型设计，同时实现对文字复制与释义修改的识别；对于图像，拟融合文本与视觉特征进行检测模型设计，以更好适应申请书以文本图像为主的特点；对于公式，则同时考虑公式本身的相似性与参与语义的相似性两个维度进行判断，从而避免形态相似语义迥异情形的误判；对于表格，则结合单元格内容及位置进行重复检测，以适应表格结构化的特点。

(8) 科技项目申请书重复检测原型系统构建

为验证前文所提出的基于知识图谱的科研项目申请书重复检测模型及相关技术实现方案的可行性，遵循需求分析、功能设计、系统设计、开发实施的信息系统开发一般流程，进行科研项目申请书重复检测原型系统构建，以检验前文所提出各类模型的可行性及效果。

1.3.2 研究方法

本研究主题交叉性较强，涉及计算机科学、情报学等领域，具有较强的实践特性。根据研究要求，采用多学科方法围绕关键问题进行研究，拟主要采用的研究方法包括以下 4 类。

（1）文献述评法。通过对国内外相关研究主题的文献进行调研，了解目前国内外关于重复检测的研究和实践发展现状，对文献和实践发展进行归纳总结，在此基础上深化课题的研究。

（2）社会调查法。在我国科研项目重复申请特点分析中，采用社会调查法对科研项目重复申请的典型案例进行搜集、调查，进而从问题持续性、重复主体、重复类型、重复对象，以及重复与被重复对象时间间隔、社会距离等方面进行特点分析。

（3）机器学习。在科研项目申请书语义标注、知识图谱构建、重复检测技术研究中，多处采用了机器学习进行技术模型构建，包括规则匹配、条件随机场、双向长短时记忆网络、注意力机制、ResNet 和多层感知机等。

（4）实验与原型方法。课题研究中包含大量技术方案的探索，需要借助实验进行最佳技术方案的确定。同时，为验证技术方案的可行性，进行科研项目申请书重复检测原型系统研发，用于验证、修正和完善本课题所提出的理论模型与技术方案。

2 我国科研项目重复申请状况调查 及其对重复检测的启示

厘清科研项目重复申请现象的具体类型与特点，有助于为重复检测方案设计提供参考。基于此，拟基于网络上公开曝光的科研项目重复申请信息为基础，开展我国科研项目重复申请状况调查，在总结基本特点基础上，分析其对重复检测工作的启示。

2.1 调查数据采集与预处理

尽管科研项目重复申请问题一度普遍存在[1]，但由于此类信息并未系统、全面地进行公开，因此难以全面获得相关信息进行定量分析。同时，也有部分机构或个人在网络上公开了一些科研项目重复申请的案例数据或举报信息，对这些典型案例进行全面搜集并分析挖掘，尽管仍无法得到精准的量化数据，但仍可以定性地分析科研项目重复申请行为的基本特征。基于此，拟运用案例分析法，对互联网上公开的科研项目重复申请案例进行搜集、整理，从而为科研项目重复申请行为的分析提供基础数据。

---

[1] 杨诗琪. 巡视剑指问题倒逼改革 堵住科研经费"黑洞"［EB/OL］.［2022-05-12］. https://www.ccdi.gov.cn/yaowen/201506/t20150626_136805.html.

2.1.1　数据采集

　　为全面采集科研项目重复申请信息，首先对国家自然科学基金、国家社会科学基金、教育部人文社会科学基金、博士后基金等多个基金管理机构的官网进行了调研，最终发现仅有国家自然科学基金公开了其所发现的科研项目重复申请信息。其次，对国内知名科研知识社区进行了调研，发现小木虫、经管之家和知乎等3个知识社区中也存在部分转载或网友举报的科研项目重复申请信息。最后，通过搜索引擎进行了相关信息检索，以实现对上述科研项目重复信息集中曝光渠道的补充，数据采集时间截至2021年6月30日。

（1）基于国家自然科学基金委员会官方网站的数据采集

　　随着近年来对科研诚信的关注，国家自然科学基金委员会加大了对项目重复的监管与公开力度，不但在项目申请环节进行申请书的重复检测，还建设了科研行为不端举报系统，扩大科研项目重复申请线索发现的渠道，并不定期将处理结果通过官网进行发布。在国家自科基金委官网上，此类信息统一通过"监督委员会→处理决定"栏目（网址：https://www.nsfc.gov.cn/publish/portal0/jd/04/）发布，其形式是官方文件，如图2-1所示。数据采集中，为避免信息遗漏，通读了该栏目下每一条信息，进而将相关信息或网页中的相关部分采集下来作为案例分析的基础数据。

（2）基于科研知识社区的数据采集

　　在小木虫、经管之家和知乎这些科研知识社区中，有用户通过转载或举报的方式在社区中发布科研项目重复申请信息或线索，图2-2即为某用户发布的科研项目重复申请举报信息截图。尽管通过该渠道采集的信息在权威性方面有所欠缺，但其覆盖范围会更广，不局限于同类项目间的重复申请，还包括多头申报、跨渠道抄袭等类型的重复申请，有助于丰富案例信息的类型，因此也将其纳

图 2-1　国家自科基金委官网发布的科研项目重复申请信息示例

图 2-2　学术网络社区中的举报信息(局部)

入数据采集范围。鉴于这些知识社区均未设置专门的科研项目重复申请信息发布栏目或学术不端信息发布栏目，因此，在数据采集中，首先通过"重复申请""重复申报"等关键词进行站内检索，进而经浏览确认后，对案例相关信息进行全面采集。

(3) 基于搜索引擎的数据采集

鉴于百度在中文搜索引擎行业中的领先地位，研究中将其作为发现科研项目重复申请信息的搜索工具。实施过程中，以"科研/科技/自科/社科/教育部/博士后/博后"+"项目/基金/课题/本子/申请书/申报书"+"重复/抄袭/剽窃/多头申报"作为关键词进行检索，并浏览其前 760 条检索结果(百度支持浏览的检索结果上限)，从中筛选出包含了科研项目重复申报信息的网页作为待采集数据，如图 2-3 所示。鉴于搜索到的案例数据往往不太规范，多是举报数

人民网 >> 科技 >> 滚动

贵州：对重复多头申报科技项目说"不！"

2013年09月05日11:37　来源：科技日报　手机看新闻

打印　网摘　纠错　商城　分享　推荐　人民微博　　　　　　字号

原标题：贵州：对重复多头申报科技项目说"不！"

深化科体改革

科技日报讯 （记者刘志强）某单位向贵州省科技厅申报了金额20万元的"科技特派员优质肉鸡茶林养殖创业示范及技术集成推广"项目，又以"优质肉鸡茶园高效养殖技术应用示范"申报了金额12万元的星火计划项目，经审查项目为重复申报，在6月下旬被同时取消立项。

某单位申报的重点成果推广计划项目"高产杂交稻湘菲优785示范与推广"，同时以"高产、耐寒杂交水稻湘菲优785、黔优942高产技术配套与示范"申报了农业科技攻关计划，结果被取消成果推广计划项目立项。

图 2-3　基于搜索引擎发现的科研项目重复申请新闻报道(局部)

25

据或新闻报道，因此数据采集时在通读全文基础上，将与科研项目重复申请相关的内容全部采集下来。

2.1.2　数据预处理

经初步整理后，通过上述 3 种渠道共发现 52 项重复申请科研项目的案例，鉴于所采集的科研项目重复申请案例数据均为非结构化数据，不便于进一步地统计分析，因此拟以所采集的案例信息为基础，综合其他渠道获取的补充信息，实现案例数据的结构化。

根据所采集案例信息状况，拟将案例数据结构化为重复申请项目的申请人、重复申请责任单位、重复申请项目名称及申报时间、重复申请项目所属科研基金、被重复项目名称及申报时间、被重复申请项目所属科研基金、重复内容、申请人获得被重复申请项目材料的途径等 10 项信息。其中，重复申请项目的申请人、重复申请责任单位、重复申请项目名称及申报时间、重复申请项目所属科研基金等 5 项信息较为全面地体现了重复申请项目相关的基本信息；被重复项目名称及申报时间、被重复申请项目所属科研基金等 3 项信息体现了被重复项目相关的基本信息，鉴于被重复项目的申请人在重复申请行为中并不关键，因此未将其纳入需要抽取的信息中；重复内容信息体现了重复申请项目申请书与被重复项目申请书在哪些方面存在内容上的重复；申请人获得被重复项目申请书的途径是指申请人通过何种渠道或以何人为中介获得被重复项目的申请书，从而使得重复申请成为可能。

鉴于不同渠道采集的案例信息所涵盖的内容和阐述方式有所区别，因此在处理时也采用了差异化的方法。对于国家自科基金官网所采集的案例数据，由于其是公文全文，结构较为清晰，内容较为全面，对申请书间的重复内容也做了归纳总结，因此可以采用直接抽取的方式获得所需要的 10 类信息；对于小木虫、经管之家和知乎三个科研知识社区，所采集的案例材料均是用户举报信息的全文，由于其无关内容较多、内容格式也不规范，因此需要对其内容进行总结概括摘取所需内容。

需要说明的是，并非所有案例都能够从所采集的案例数据中获得所需的全部信息，为此就需要结合案例中所获取的线索，从其他渠道获取补充信息。其一，根据案例信息中的重复申请项目和被重复项目线索，以国家自然科学基金共享服务网和 CNKI 为信息源，补充完善项目申请人、申请人单位、科研项目名称和申请项目所属基金等信息；其二，在明确重复申请项目和被重复项目基础上，以 CNKI、所涉及科研机构的官网、搜索引擎为信息源，获得重复申请项目的申请人与被重复项目相关人员的关系，如通过申请人发表文献和参与科研项目信息推测所涉及人员间的社交关系，从而推测申请人获得被重复项目申请书的途径。

由于处理通知、通报信息和举报信息的特殊性，存在大量的信息不够清晰和明确，即使后续对案例进行了补充，仍然存在不确定信息：案例中 8 项研究对象信息完全的共有 17 个案例，但是申请项目名称有 15 个项目不明确，被重复项目名称有 28 项不明确，获取被重复项目材料途径有 9 项不明确。预处理后的部分案例数据如表 2-1 所示。

2.2 科研项目重复申请的特点分析

在数据预处理基础上，从多个方面对科研项目重复申请典型案例进行了深入分析，其主要特点包括以下 6 个方面：科研项目重复申请问题持续存在；多头申请、重复申请与抄袭剽窃问题并存；被重复对象以项目申请书为主；重复与被重复项目申请书提交时间间隔较短；涉及的机构与人员类型多样；重复项目申请人与被重复项目成员间社会距离较近。

2.2.1 科研项目申报中的重复问题持续存在

尽管只收集到了 52 项科研项目重复申请案例，但其时间跨度

27

表 2-1 预处理后的科研项目重复申请案例（部分）

申请人	重复申请项目	被重复项目	重复内容	获得被重复申请书的途径
任升峰（济南大学）	超声振动辅助微细铣削加工技术及机理研究【2012 年国家自科基金项目】	超声振动辅助微细铣削加工技术及机理研究【2008 年国家自科基金项目】	基本未做修改	任××的博士导师参与被重复项目
亐艳华（西安交通大学）	超声微泡搭载 CRISPR／Cas9 技术靶向 lncRNA H119 治疗甲状腺癌的研究项目【2018 年国家自科基金项目】	UTMD 介导基于 CRISPR／Cas9 技术的靶向 SEPS1 基因敲除实现桥本氏甲状腺炎基因治疗的研究【2017 年国家自科基金项目】	基本未做修改	与被重复项目的申请人存在同事关系
李晶（广西中医药大学）	基于苦劳汤探讨大鼠创伤创面肉芽组织 bFGFmRNA，VEGFmRNA 表达影响的研究【2019 年国家自科基金项目】	MEBO/MEBT 对慢性难愈合皮肤创面 bFGF/VEGFmRNA 表达影响的研究【2008 年国家自科基金项目】	研究内容、研究目标、关键科学问题、研究方案及可行性分析、特色创新等的核心内容	被重复项目参与的某成员同事
米凤兵（新疆师范大学）	塔克拉玛干西部别里库姆沙漠湖杨沙堆发育模式及其在荒漠化监测中的作用【2016 年国家自科基金项目】	艾比湖周边灌从沙发育模式及其在荒漠化监测中的应用【2008 年国家自科基金项目】	研究内容、研究目标、关键科学问题、研究方案及可行性分析、特色创新等的核心内容	被重复项目的某成员为同事
王晶敏（东南大学）	Sirt6 经 LKB1／AMPK／PGC1α／NRF1，NRF2 通路上调线粒体生物合成与抗氧化基因抵御胆汁淤积性肝损伤的机制研究【2020 年国家自科基金项目】	项目名称不明【2019 年国家自科基金项目】	申请书将某某申请书中大量内容用于其 2020 年度基金项目申报	通过合作者获得申请书

28

为 2001 年至 2020 年，而且这 20 年间从未中断，如图 2-4 所示，这说明科研项目重复申请这一现象是长期存在的。

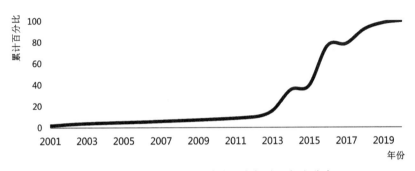

图 2-4　科研项目重复申请典型案例涉及年度分布

近些年来，国家及各级地方机构、机关都出台了多项政策法规、管理条例对项目重复申报行为进行治理，如《关于进一步加强科研诚信建设的若干意见》《国家科技计划(专项、基金等)严重失信行为记录暂行规定》《国家科技计划实施中科研不端行为处理办法(试行)》《哲学社会科学科研诚信建设实施办法》《关于进一步弘扬科学家精神加强作风和学风建设的意见》等，也采取了包括申请书重复检测等多项有力措施，取得了显著的治理效果，但科研项目重复申请问题仍难以杜绝。究其原因，一方面是早期各级各类科学基金管理与资助机构对重复申请的管理不够规范，或缺乏有力的重复申请发现手段，导致大量重复申请问题的出现；另一方面，科研项目可能事关科研人员的职称、职务、声誉、经济利益，具有较强的诱惑力，使得部分科研人员主观上具有较强的重复申报动机，同时，鉴于跨部门的科研项目申请书共享欠缺，重复检测技术水平不够先进，通过文字改写等形式上的改头换面就可能逃避现有工具的重复检测，使得科研人员抱有侥幸心理。可以预见的是，受巨大名利的诱惑和对抗重复检测手段的升级，科研项目重复申请行为在较长一段时间内持续存在。

29

2.2.2　被重复对象均是单篇科研项目申请书

国家自科基金监督委员会、科技部等对于科学基金资助工作中不端行为的处理办法等文件中，对于项目申请中的抄袭他人申请书、剽窃他人学术成果都进行了处理规定；国家社科基金在申请书填写中也明确要求"凡以各级各类项目或博士学位论文（博士后出站报告）为基础申报的课题，须阐明已承担项目或学位论文（报告）与本课题的联系和区别"，说明项目重复申请除了重复利用既有项目申请书外，也存在抄袭剽窃或复用既有研究成果（包括学术论文、学位论文、研究报告、学术专著、专利等）的可能。但从 52 项典型案例来看，包括重复申请、多头申请在内，所有案例抄袭剽窃或复用的对象均为科研项目申请书，未出现以既有科研成果为基础的重复申请行为。

究其原因，可能有以下几个方面：一是科研项目申请书在行文方式、规范上与学术成果差异较大，将学术成果抄袭、改写为项目申请书难度较大，故而重复申请项目的科研人员更愿意以申请书作为抄袭或复用对象，这从大多数典型案例均是大幅抄袭或复用其他项目申请书的现象可以得到佐证；二是依托科研成果形成的项目申请书与原内容形式上差异较大，现有的申请书重复检测系统难以识别出此类重复申请问题，同时评审专家受自身知识面的限制，也较少能够发现此类重复申请问题，从而使得此类问题可能存在，但发现、曝光不足；三是科研论文、著作都属于公开出版的科研成果，科研人员担心以其作为抄袭或复用对象，被发现的风险较高，由此主观上不愿意将其作为抄袭或复用对象。

此外，值得注意的是，无论是国家自科基金委公开的典型案例，还是网友举报、新闻报道的典型案例，（涉嫌）重复申请的项目申请书的重复对象均只是单篇科研项目申请书。

2.2.3　多头申请、重复申请与抄袭剽窃问题并存

从所采集的典型案例来看，科研项目重复申请主要包括申请人

对他人申请项目的抄袭剽窃和依托个人申请的项目进行重复申请两种形式。其中，申请人对他人申请项目的抄袭剽窃是指申请人通过正当或不正当手段获取他人的科研项目申请书，并在全文原文抄袭、部分原文抄袭、改写抄袭基础上形成自己的项目申请书并进行项目申请的行为；依托个人申请的项目进行重复申请是指申请人将自己撰写的科研项目申请书稍加改动或原封不动地同时或错时多次申请科研项目基金的行为。若申请人以内容相同或相似的科研项目申请书向不同的科研管理或资助机构同时或错时申请科研项目，则将其称为多头申请①；若内容相同或相似的科研项目申请书向同一个科研管理或资助部门错时申请科研项目，则将其称为同基金重复申请。在所获得的 52 项典型案例中，除 1 项案例通过购买获得、9 项案例的来源不明外，剩余 42 项典型案例的类型分布如图 2-5 所示。

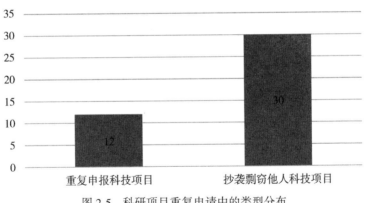

图 2-5　科研项目重复申请中的类型分布

尽管从数据来看，抄袭剽窃他人科研项目申请书的情况更为普遍，但其原因可能是因为所采集案例中多数来自国家自科基金委，

---

①　王立东. 试论国家自然科学基金资助项目重复申报问题［J］. 辽宁行政学院学报，2018(4)：90-93.

而该来源的案例全部都局限于自科基金申请书之间的重复申请行为，故而以抄袭剽窃他人申请书为主。而就全局情况来看，以个人申请书为基础的多头申报现象可能更为常见，一方面是各科研基金或科研计划之间缺乏统筹协调，不进行申请书数据共享，重复申请行为发现更为困难，使得多头申报的隐蔽性更强，甚至在部分人群中形成了可以多头申报的不良风气；另一方面相较于抄袭剽窃他人申请书，科研人员的心理负担可能更低。也正是受此影响，中国纪检监察报 2015 年刊文指出"数据显示，我国科技成果转化率仅为10%，远低于发达国家40%的水平，其中一个重要原因，是普遍存在的科研项目重复申报、多头套取资金现象"①。

2.2.4 重复申请项目与被重复项目间隔较短

在全部 52 项典型案例中，重复申请项目申请书提交时间与被重复项目的立项时间均完整（时间精确到自然年）的案例有 36 项，以此为基础统计了重复申请项目与被重复项目的时间间隔，数据分布如图 2-6 所示。

从图中可以看出，间隔时间最长的为 11 年，此类项目只有 1项；重复申请项目与被重复项目属于同年申请或间隔 1 年的共 19项，超过总案例的一半；间隔时间不超过 3 年占比达到 77%，不超过 5 年的占比达 91%。这说明，科研人员在进行项目重新申请时，主要选择 5 年内的项目申请书作为抄袭剽窃或重复申报的对象，但也需要特别关注同年度的多头申报或跨项目抄袭问题。究其原因，科研项目评审注重新颖性，同时多数学科的发展较快，研究主题尤其是热门研究主题的活跃时间较短，多数只有几年，因此，为最终获批立项，重复申请项目的科研人员在选择重复申请、多头申请或抄袭剽窃对象时，多选择距离当前时间较近的科研项目；此外，受

---

① 杨诗琪. 巡视剑指问题倒逼改革 堵住科研经费"黑洞"［EB/OL］.［2022-05-12］. https://www.ccdi.gov.cn/yaowen/201506/t20150626_136805.html.

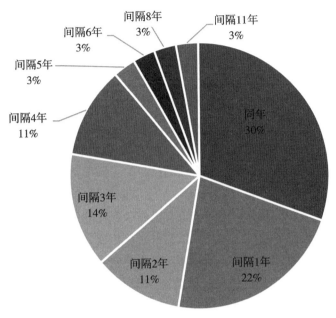

图 2-6　重复申请项目与被重复项目间隔时间分布

限项、科研基金管理机构不进行跨基金项目申请书重复检测等因素的影响，部分科研人员为提升项目申请成功率，会选择采用相近的内容同时申报多个科研基金项目，如在国家自然科学基金已结项的情况下，同时申请国家自科基金项目和教育部人文社科基金项目，从而导致同年度多头申请的情况较为严重。

2.2.5　涉及的机构、人员与项目类型多样

　　从重复申请项目的类型、申请人所属机构及职称、职务角度来看，科研项目重复申请涉及的项目类型、机构与人员类型多样。从项目角度看，国家自然科学基金、国家社会科学基金、省部级基金等都有涉及；而且科技部在关于 2015 年"863""973"和科技支撑三大科技主体计划重复申报情况通报中提到，因存在重复申报等问题，有 13% 的"973"计划项目没有通过审查，有近 20% 的高新技术

领域项目没有通过审查①。从机构角度看，双一流高校、普通高校、医院和科研院所均有涉及，如双一流高校西安交通大学的教师乞某某曾于 2020 年申报国家自然科学基金时在申请书中大量抄袭本校的另一科研项目②；中国水利水电科学研究院李某某曾于2001 年和 2003 年申请国家自然科学基金项目时分别抄袭他人已立项项目申请书③；同时，复旦大学针对科研经费管理不善的专项排查发现，2008 年至 2013 年，该校有 25 个项目在同一时间多渠道申请获得资助，属于重复申报课题。

从职称、职务角度看，涉及重复申请项目的科研人员既有中级、副高级职称的科研人员，也有正高级职称的科研人员，还有拥有较高行政职务的科研人员，以及科研基金项目的评审专家，如丁某某作为某高校副校长，也被举报以相近内容重复申请省社科基金项目和国家社科基金项目；戴某某作为国家自然科学基金的评审专家，利用评审过的科研项目重复申报科研项目。

2.2.6　重复项目申请人与被重复项目成员间社会距离较近

获得科研项目申请书是引发重复申请行为的必要前提之一，鉴于科研项目申请书的非公开性，科研人员常常依托较为密切的社交关系来获得他人的申请书，这就导致重复项目申请人与被重复项目成员间社会距离总体较近。若将科研人员与科研项目间的社会距离分成 0、1 和大于 1 三种，其中社会距离为 0 表示科研人员直接参

①　中共科学技术部党组关于巡视整改情况的通报［EB/OL］. ［2022-05-03］. https://www. ccdi. gov. cn/special/zyxszt/2014dylxs/zgls _ 2014dyl _ zyxs/201411/t20141117_30712.html.

②　国家自然科学基金委员会监督委员会. 2020 年查处的不端行为案件处理决定（第一批）［EB/OL］. ［2022-05-03］. https://www. nsfc. gov. cn/publish/portal0/jd/04/info80772.htm.

③　国家自然科学基金委员会监督委员会. 关于中国水利水电科学研究院李贵宝申请国家自然科学基金项目弄虚作假的通报［EB/OL］. ［2022-05-03］. https://www.nsfc.gov.cn/publish/portal0/jd/03/info78044.htm.

与了科研项目的申请或评审，包括作为项目申请人、项目组成员和项目评审专家三类情况，即科研人员可以直接获得该科研项目的申请书；社会距离为 1 表示科研人员与科研项目组成员具有直接社交关系，主要包括师生关系、同事关系、同学关系、朋友关系、合作关系等 6 种情形，即与科研人员社交关系较为密切的其他科研成员参与了项目申请工作，可以以其为媒介获取科研项目申请书；社会距离为 2 表示科研人员需要通过间接方式才能与科研项目建立关联，如同学的同事参与的科研项目。

在 52 项典型案例中，去除 9 项被重复材料来源途径不明确的案例和 1 项通过购买获得他人科研项目材料的案例，剩余 42 项案例的重复项目申请人与被重复项目的社交距离分布如图 2-7 所示。其中，社会距离为 0 的案例 18 项，占比 43%，包括同时作为申请人进行重复申请或多头申请的案例 12 项(占比 29%)，通过参与他人申请项目获得项目申请书的案例 5 项(占比 12%)，通过审阅关系获得被重复项目材料案例 1 项(占比 2%)；社会距离为 1 的案例 22 项，占比 52%，包括通过同事关系获得被重复项目申请书的案例 9 项(占比 22%)，通过同学关系获得被重复项目申请书的案例 4 项(占比 10%)，通过合作关系获得被重复项目申请书的案例 4 项

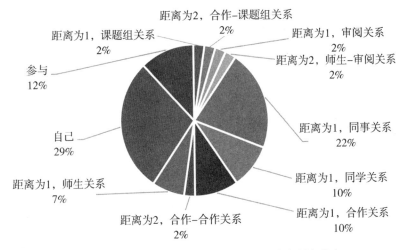

图 2-7 重复项目申请人与被重复项目的社会距离分布

（占比 10%），通过师生关系被重复项目申请书的案例 3 项（占比 7%），通过课题组关系获得被重复项目申请书的案例 1 项（占比 2%）；社会距离大于 1 的案例 3 项，分别为：重复项目申请人通过与被重复项目的相关人员课题组成员交流合作获得项目申请书；重复项目申请人从自己导师处获得其所评审项目的申请书；重复项目申请人从合作者的合作者处获得的被重复项目的申请书。需要说明的是，3 项社会距离大于 1 的案例中，重复项目申请人与被重复项目的社会距离均为 2，也相对较近。

该特点明显有别于学术成果失信行为，一方面学术成果失信中的剽窃对象有相当一部分是公开发表的学术成果，其获取不受社交距离的制约；另一方面学术论文、学位论文的代买代卖黑色产业链更为成熟，存在以机构为中介的失信行为。

2.3 对科研项目重复检测的启示

通过对科研项目重复申请典型案例的分析可知，尽管国家与地方相关机构已经采取了多种措施开展治理工作，但重复申请问题仍然较为严重，其背后最为重要的问题是缺乏系统、高效的方法发现科研项目重复申请的线索。在科研重复检测方案优化升级中，需要充分考虑科研项目重复申请的基本特点，做到有的放矢，既实现科研项目重复申请线索的全面发现，又要保障重复检测的高效、准确。具体而言，结合科研项目重复申请的基本特点，在科研项目重复检测中需要做到全面检测不留死角；推进跨组织协同，加强基础资源建设；优化重复检测技术方案，实现效率与效果的统一。

2.3.1 重复检测在项目覆盖上不留死角

鉴于科研项目重复申请可能发生在各级各类科研项目申请中，可能涉及各级各类高校、科研院所等科研机构及科研人员，因此，

为全面发现科研项目重复申请的线索，在重复检测中需要做到全面
覆盖、不留死角。

一是在科学基金覆盖上不留死角。除国家社科基金、国家自科
基金、教育部人文社科基金、博士后基金，以及各省部级、地市级
竞争类科学基金项目申请中需要推进重复检测外，对于各级、各类
由国家和地方财政拨款的非竞争性科学基金也应推进重复检测，避
免留下科研项目重复检测的真空地带。但需要注意的是，对于预研
类、培育类科研项目，在进行重复检测时，需要针对性地设计差异
化的重复预警机制与判断策略。

二是在科研机构与科研人员覆盖上不留死角。无论科研人员处
于何级、何类科研机构，无论其职称、职务高低，是否具备某种重
要的身份角色，也无论既往的科研诚信记录多么优秀，都无法保证
其依靠个人自律不进行科研项目重复申请，因此，在重复检测中需要
一视同仁，全部纳入检测范围。同时，对于存在科研项目重复申请历
史记录的科研人员、对科研项目重复申请管理不善的科研机构，在重
复检测中需要重点对待，针对其设计更为灵敏的重复申请预警机制。

2.3.2 构建以申请书为主体、覆盖全面的基础资源体系

鉴于典型案例显示科研项目申请书重复对象以申请书为主，但
不局限于同类型科研基金或科研计划的申请书，因此应构建以申请
书为主体的重复检测基础资源体系。其一，在我国，由财政资金支
持的科学基金、科研计划管理部门非常分散，因此应推进跨组织的
科研项目申请书资源共享，构建全面覆盖各级各类科学基金、科研
计划的申请书资源体系。其二，鉴于相当数量的科研项目重复申请
发生在同年度科研项目间，因此在资源建设中需要注重时效性，及
时将当年度的科研项目申请书纳入基础资源体系中，从而为及时发
现科研项目重复申请行为提供基础资源支持。其三，鉴于部分未立
项的项目申请书质量也很高，可能成为抄袭剽窃的对象，因此，科
研项目申请书基础资源建设中，除了需要将已立项项目纳入进来
外，还应将申请但未立项项目纳入资源体系中。其四，鉴于期刊/

会议论文、学位论文、专著、研究报告、专利等科研成果理论上也可能成为重复申报的抄袭剽窃或复用对象，因此在有余力的情况下，也应将此类资源纳入重复检测基础资源体系中，从而提升重复检测工具的威慑力。

2.3.3 结合申请人及申请时间特征确定重点检测的范围

鉴于重复申请项目的申请人与被重复项目的社会距离较近、重复申请项目与被重复项目的时间间隔较近，因此，为提升重复检测的效率与效果，应结合申请人与申请时间特征确定重点检测的范围。其一，重复检测中应重点关注与申请人社交距离较近的科研项目的申请书。除申请人本身的历史科研项目申请书外，多数科研人员仅能够通过其自身的社交关系获得少量的项目申请书，这些也是其最可能抄袭剽窃的对象。为此，需要结合申请书中体现的科研人员相关信息，以及从其他渠道获取的科研人员间的关系信息为基础，建立科研人员社交关系网络，据此筛选出其最可能抄袭的科研项目申请书，并通过更灵敏的机制进行重复预警，从而更全面、高效地发现科研项目重复申请的线索。其二，重复检测中应重点关注与待检测项目间隔时间较短的科研项目申请书。出于新颖性方面的考虑，科研项目重复申请时多以近年来的项目申请书作为抄袭或复用的对象，基于此，重复检测中应重点关注新颖性较强的科研项目申请书，尤其是近5年的申请书。

2.3.4 依据与单篇申请书的相似度设计预警机制

科研项目重复检测中，需要从技术上考虑重复线索全面发现与过度敏感导致错误线索过多之间的平衡，避免重复检测与甄别本身的成本过高，提高科研项目重复检测工具的实用性。鉴于绝大多数存在重复申请行为的科研项目申请书仅是抄袭或复用了一篇项目申请书的内容，因此，可以依据这一特征进行重复检测的预警机制设计，尽量减少重复线索误报。具体而言，一方面完成待检测申请书中每一个内容片段的重复检测后，需要将检测结果进行拼接，获得待检测申请书与基础资源库中每一篇申请书的相似度，并据此设定重复预警的等级；另一方面，重复检测报告生成时，应过滤掉与待检测申请书总体相似度过低的历史申请书，从而减少重复线索的误报，提高检测报告审核人员和专家的甄别、研判效率。

3　基于共建共享的科研项目申请书
资源建设

只有建立起覆盖全面的基础资源体系，才有可能全面发现科研项目申请书重复的线索，为科研诚信治理提供有力支撑。根据前文搜集的科研项目重复申请典型案例可知，发生科研项目重复申请时，绝大多数是与其他科研项目的申请书发生重复，基于此，科研项目重复检测基础资源建设的核心对象是项目申请书。然而，由于科研项目申请书自身的特点，此类资源的建设不能采用类似文献资源的以采购和网络采集为主的思路，而应采用共建共享为主的策略，并且不同类型的科研项目重复检测主体应该结合其自身实际采用差异化的共建共享推进策略。

☰ 3.1　科研项目申请书资源共建共享的动因

共建共享是信息资源建设的一种常用手段，在图书馆、科技情报机构的资源建设中得到了普遍应用，但其定位一般是辅助手段；然而，尽管科研项目申请书也是信息资源的一种，但其建设却需要以共建共享作为主要手段。造成这种情况的主要动因包括 3 个方面（如图 3-1 所示）：第一，尽管科研项目申请书资源的建设主体能够实现一定范围内的资源采集，但在全面性上无法满足其科研项目重复检测的需要，因此迫切需要外部的项目申请书资源作为补充；第二，科研项目申请书资源具有敏感性、涉密性特征，导致其获取渠道匮乏，购买、交换、索取、网络抓取等常用手段有效性不足，采集外部资源非常困难；第三，尽管总体上科研项目申请书资源分布非常分散，但对单个项目申请书资源建设主体来说，只要实现与少量重点单位的资源共享，即可满足其主要需求。前两个因素使得科研项目申请书资源建设主体具有较强的参与资源共享的内生动力，后一个因素使得以共建共享作为资源建设主要手段具有现实可行性，从而使得共建共享成为科研项目申请书资源建设主体的最佳选择。

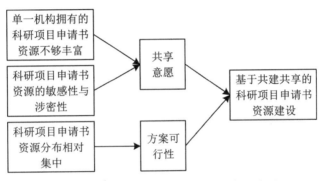

图 3-1   科研项目申请书资源共建共享的动因

3.1.1   单一机构拥有的科研项目申请书资源不够丰富

作为科研诚信与科研项目管理的重要手段，科研项目重复检测的主体包括两类：一是科研项目申请人所在单位的科研管理部门，其目的是及时发现本单位科研人员的重复申报、多头申报及内容抄袭，提升本单位科研诚信自律水平；二是科研项目资助及管理部门，其目的是及时发现所受理申请或所主管的科研基金/科技计划中存在重复申报、多头申报及内容抄袭的申请书，提高科研资金利用效率，营造良好科研生态。这两类机构都具备一定的科研项目申请书资源采集能力，但又无法获取足够的资源全面支撑其科研项目重复检测的需求。

对科研项目申请机构来说，其能够直接采集的科研项目申请书局限于本单位科研人员作为参与成员的科研项目。鉴于重复申请与多头申请都是申请人将历史提交的申请书再次提交到同一个科研基金项目或其他科研基金项目，因此科研项目申请机构具备了检测这两类项目重复申报行为的基础资源。但是，对于抄袭剽窃型项目重复申请来说，尽管也有部分被重复项目属于同单位的科研项目，但也有较多的被重复项目属于本机构未曾参与的项目，如国家自科基金委 2019 年通报的一起重复申请案例中，天津大学的戴某在其 2018 年申报的基金项目"近现代建筑遗产记录信息化技术及其保护再利用研究"（申请号 5187081661）申请书中，抄袭剽窃了其 2014 年评审过的东南大学方某某获资助基金项目"南京民国建筑修缮 BIM 模型实例库的构建及其数据挖掘与知识发现研究"（批准号 51478102）申请书的内容①。因此，只以本机构参与申请的科研项目申请书作为重复检测的基础资源库，无法支撑科研机构全面进行科研诚信自律自查的目标。

对科研项目资助及管理部门来说，其能够直接采集的科研项目申请书局限于申请人向本机构提交的项目申请书。以这些申请书资源为基础，科研项目资助及管理部门具备了检测新提交项目申请书是否与历史受理科研项目的申请书存在重复的能力。但是，受资源覆盖不够全面的影响，其一方面难以发现跨科研基金的科研项目重复申请，另一方面也无法发现因申请人多头申请带来的项目重复。同时需要说明的是，同学科的科研项目常常分散分布于多个渠道，而且单一渠道在项目总量上也基本不具备压倒性优势，因此仅依靠机构自身受理的历史申请书资源，科研项目资助与管理机构甚至无法实现在具体学科上申请书资源的全面覆盖。例如国家社会科学基

---

① 国家自科基金委监督委员会. 2019 年查处的不端行为案件处理决定［EB/OL］.［2022-05-03］. https://www.nsfc.gov.cn/publish/portal0/jd/04/info80773.htm.

金与教育部人文社会科学基金支持的学科方向相近，以 2021 年数据为例，前者正式受理的年度项目申报 32714 项①，后者受理的规划基金、青年基金、自筹经费项目共 31488 项②，两者间的数量相近；考虑到各省、市的社科基金、博士后科学基金、国家自然科学基金中的管理类基金等其他科学基金，单一渠道的项目占总数的比例更低。因此，只依靠自身能够直接采集的项目申请书资源，各科研项目资助与管理部门也难以全面发现所受理项目申请中的重复申请行为。

3.1.2　科研项目申请书资源具有敏感性与涉密性特征

科研项目申请书资源的涉密性与敏感性是指，申请书中可能包含了涉及国家或相关机构秘密的相关内容，或未达到秘密等级但较为敏感的内容，以及包含了涉及申请书及科研团队的个人隐私、研究思路等敏感信息。这一特征导致科研项目申请书既不会通过官方渠道正式出版或传播，申请人及其科研团队也很少通过互联网分享，使得其难以通过正式的信息传播渠道进行采集，为科研项目申请书资源建设主体的资源采集带来很大困难。

科研项目申请书资源涉密的主要原因是其所对应的科研项目是涉密的，而作为科研项目的重要组成部分，申请书也属于涉密范围。一方面，涉密项目广泛存在于多个机构管理或支持的科研项目中；另一方面，其总体规模也不容小觑，如国防领域的科研项目、国家保密局支持的科研项目多属于涉密项目，甚至不少属于绝密等级。

对于非涉密项目，其申请书内容多属于敏感信息，也不适宜通

---

①　全国哲学社会科学工作办公室. 2021 年国家社科基金年度项目和青年项目立项结果公布 [EB/OL]. [2022-05-03]. http://www.nopss.gov.cn/n1/2021/0924/c431027-32235684.html.

②　教育部社科司关于公布 2021 年度教育部人文社会科学研究一般项目申报材料审核情况的通知 [EB/OL]. [2022-05-03]. http://www.moe.gov.cn/s78/A13/tongzhi/202105/t20210524_533258.html.

过正式渠道或互联网传播，造成这一现实情况的原因是多方面的。

第一，申请书中包含了科研人员的大量隐私信息，如国家自然科学基金项目申请书中要求科研人员填写出生年月、电话、传真、电子邮箱、工作单位、通信地址等个人信息；国家社会科学基金项目申请书中要求科研人员填写出生年月、工作单位、电话、身份证号等个人信息，因此，科研项目申请书一旦公开出版或大范围传播，可能导致科研人员的隐私遭到泄露。

第二，项目申请书正文全面反映了申请人及其团队对所申请课题的认识与研究规划，可能涉及学术思想、研究思路、技术秘密等，因此，对于正在申请、未立项及在研项目来说，这些信息一旦泄露可能会导致其研究推进受到较大影响，如研究思路遭人模仿甚至抄袭等。例如，《新京报》曾于 2019 年报道，云南财经大学某教师的 2017 年申请未立项的国家自科基金申请书遭湖南大学某硕士生抄袭，导致该教师博士毕业论文送审困难①。

第三，即便对于已结项的历史科研项目，申请人及其团队也常常将其视为不适宜对外公开的内容，无论是申请书的全文还是除去个人及项目基本信息的正文部分。其原因包括不愿意自己的申请书写作思路被别人模仿，避免申请书中的内容引发非议等。证据之一就是，尽管不少科研人员活跃于小木虫、百度文库、丁香园等科研知识社区中，分享交流了大量知识，共享了较多的科研资料，但是分享科研申请书的却极其罕见。

3.1.3 科研项目申请书资源分布相对集中

所谓的科研项目申请书资源分布相对集中，是指尽管总体上我国的科研项目申请书资源分布非常分散，但对单个科研项目申请书资源建设主体来说，其所需要的资源主要集中在少量几个主体手

---

① 新京报评论."文章未发表已被抄袭"，国家基金项目申请书是否被泄密？［EB/OL］．［2022-05-03］．https://baijiahao.baidu.com/s? id = 1629301306118118469.

中。这一特点使得科研项目申请书资源建设主体通过共建共享方式开展资源建设具备了较强的现实可行性。

从科研项目申请单位视角来看，通过与少量科研申请单位的资源共享，即可满足其开展项目申请中的科研诚信自律自查的主要需求。依据前文的典型案例分析结果，跨单位的申请书内容抄袭主要有两种情形，一种是抄袭者与被抄袭项目的成员具有直接关联，如师生、同学、合作者等；另一种是抄袭者与被抄袭项目的成员可以通过共同的熟人建立直接关联。基于这一认识，科研项目申请单位可以通过对本单位科研人员的学缘、合作关系进行分析，锁定少量重点科研机构作为共建共享的意向对象，并通过开展跨组织合作即可满足主要的资源建设需求。

从科研项目管理与支持部门的视角来看，通过系统内跨层级的资源共享及少量的跨部门共享即可满足其对申请书资源的主要需求。总体来说，可以将科研项目管理与支持部门分成两类，一类是支持项目数量规模较大、学科较多的综合性科学基金管理机构，国家层面主要包括科技部、全国哲学社会科学工作办公室、教育部、全国博士后管委会等，地方层面也可能会有相应的部门；另一类是支持项目规模较小、领域较为聚焦的国家和地方机关部门，国家层面的包括全国人大常委会、最高法、最高检、工信部、文化和旅游部等各个机关部门，地方层面也与之类似。前一类机构所管理和支持的科研项目占了科研项目总量的绝大多数；后一类机构不但总体占比低，而且所支持的项目以服务于本机构的业务开展为主，研究领域除了与综合类科学基金间存在交叉外，彼此之间关联不大。基于此，综合类科学基金管理与支持机构在做好系统内跨层级资源共享基础上，需要重点关注的是与其他综合类科学基金管理与支持机构的申请书资源共享；领域聚焦类科研项目管理与支持部门资源共享的重点机构除了同系统内的跨层级机构外，主要是领域相关的综合性科研项目管理与支持机构。因此，对单个机关部门来说，其需要进行资源共建共享的重点对象数目并不多，采用这一方式具有现实可行性。

3.2 跨层级与跨部门科研项目申请书资源共建共享

对于财政资金支持的科研项目管理与资助机构来说，为提高资源建设的效率，其以支持同领域研究的科研项目管理与资助机构作为共建共享对象即可。在我国现行的条块分割科研项目管理体制下，此类机构需要同时开展跨层级与跨部门的申请书资源共建共享，前者用于实现垂直系统内的科研项目申请书资源共享，后者用于实现支持领域存在交叉的不同部门间的科研项目申请书资源共享。

3.2.1 跨层级科研项目申请书资源共建共享

跨层级科研项目申请书资源共建共享是指在中央机关的领导下，实现其垂直领导体系内的各层级地方部门所拥有的科研项目申请书资源共建共享，以科技部为例，其可以实现各层级科技部门主管或支持的科研项目申请书资源的共享。之所以需要开展跨层级的科研项目申请书资源共建共享，是因为我国各级政府机关均可以设置科研基金，如科技部、各省及直辖市的科技厅、各地级市的科技局等都会支持一定数量的科研项目，而且其所支持的学科领域基本一致，申报机构与群体存在较大范围的交叉重合，更容易出现多头申报、内容抄袭。同时，在我国条块分割的管理体制下，由于这些机构属于同一个条块范围，行政上存在上下级关系，因此由国家相关部门牵头推进跨层级的科研项目申请书资源共享，具有较强的现实可行性。

跨层级科研项目申请书资源共建共享模式运行机制可以概括为，通过行政命令自上而下地下达科研项目申请书资源共享要求，通过适当途径聚集科研项目申请书资源，再以服务形式进行跨层级共享，如图 3-2 所示。

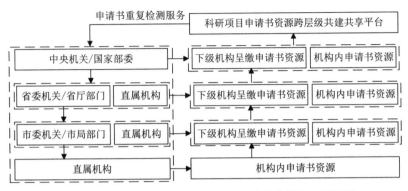

图 3-2 跨层级科研项目申请书资源共建共享模式运行机制

行政命令运行路径为，发起资源共享的中央机关或国家机关、部委向下一级机关部门发布申请书资源共享行政命令，此处的下一级机构既包括其内设机构、下设事业单位，也包括条块范围内的下一级机关，如各个省、直辖市的对应厅局级机构；下一级机关按照要求选择是否向更下一级的机关下达资源共享要求，直至最低层级的机关部门。

申请书资源的共享路径为，首先拥有科研项目申请书资源的各级各类机构按照要求进行机构内申请书资源的汇聚、整理，包括纸质资源的数字化、文档格式的规范化、文档命名的规范化等；其次，下级机关部门将所汇聚的科研项目申请书资源向上级机关部门呈缴，从而逐步实现申请书资源汇聚到中央相关机构。为实现科技申请书资源的集约共享，便于资源管理与安全保障，在实现各层级的申请书资源汇聚后，不会将资源再分发给各级机构，而是以服务方式进行跨层级的共享，即由中央相关部门负责建设资源共享平台，对各层级机关共享的资源进行加工处理，建设科研项目申请书查重系统，进而对各层级机关部门提供重复检测服务，支持其以各层级的科研项目申请书资源作为基准库，对其需要检测的申请书进行处理，从而实现面向重复检测的科研项目申请书资源共建共享。

鉴于资源共享的范围都在同一个垂直体系内，而且资源汇聚的方向是中央相关部门，因此可以采用物理共享的实现模式。所谓物理共享模式是指参与科研项目申请书资源共享的各个机构都直接将所拥有的申请书电子文档汇聚到一起，实现物理上的集中存储与加工处理。该模式的突出优点是，可以在数据预处理环节消除掉科研项目申请书之间的异构问题，也可以通过更全面的数据分析挖掘构建关系更准确、全面的知识图谱，为重复检测提供支撑，还可以通过数据的集中存储提高项目申请书重复检测环节的效率。但是由于申请书资源的敏感性与保密性，在汇聚共享与服务过程中都需要特别关注信息安全问题，一方面对于不适宜通过网络传输的申请书，需要通过移动存储设备进行资源的传输；另一方面，重复检测结果返回给各级各类机构之前，需要进行人工审核与涉密信息处理，避免申请书资源的保密性遭到破坏。

3.2.2　跨部门科研项目申请书资源共建共享

跨部门科研项目申请书资源共建共享是指所支持的研究领域存在交叉，但行政上属于不同职能部门的科研项目管理或支持机构之间开展科研项目申请书资源的共建共享，如科技部与全国博士后管委会间的科研项目申请书资源共享。由于我国的科研项目管理与支持属于多头管理体制，部分机构是以学科为依据确定项目资助范围（如自然科学基金委员会），部分机构是以申请人的身份为依据确定项目资助范围（如中国博士后科学基金委员会），部分机构还可能同时以申请人和学科为依据确定项目资助范围（如教育部社会科学司设立的教育部人文社会科学基金），部分机构则是以服务于自身职能的履行确定项目资助范围（如交通运输部、政协、人大常委会等），这就导致各相关部门支持的科学研究领域之间难免存在交叉，进而也就存在多头申报、内容抄袭的可能，因此，为更全面地发现可能存在重复的科研项目申请书，就必然要求推进跨部门科研项目申请书资源共建共享。实施过程中，跨部门科研项目申请书资源共建共享需要合理选择共建共享对象、共建共享模式，确定共建共享资源范围，设计合理的实现方式，如图3-3所示。

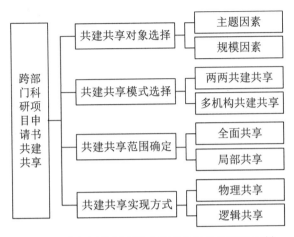

图 3-3　跨部门科研项目申请书共建共享运行机制

　　跨部门科研项目资源共建共享中，较为关键的环节是确定共建共享的对象，只有合理确定资源共享的对象，才能实现资源覆盖的全面性和共享推进的高效性之间的平衡。按照资助项目的规模，可以将我国的科研项目管理与支持机构分成科研项目立项规模较大部门和科研项目立项规模较小部门，部分国家级科研项目资助与管理机构如表 3-1 所示，省市级地方上一个具有职能相近的机关单位负责对应的省市级项目资助与管理。总体来说，科研项目立项规模较大的部门，其不但受理、立项的项目数量较多，金额较大，而且资助的研究领域范围常常也相对广泛；科研项目立项规模较小部门则不但每年受理、立项项目数量较少，而且其范围常常也较为狭窄和固定，一般是围绕该部门的核心职能和重点工作展开。基于此，科研项目立项规模较小部门之间大多不需要开展科研项目申请书资源共享，但是需要与全部或部分科研项目立项规模较大的部门开展资源共享；科研项目立项规模较大部门则需要重点推进与其他立项规模较大部门间的科研项目申请书资源共享，而对于立项规模较小的部门，尽管其可能也存在领域上的交叉重复，但由于其数量较少，可以采用被动资源共享方式为主，主动推进与这些机构的跨部门资源共享优先级较低。

49

表 3-1　立项规模视角下的国家级科研项目管理机构类型划分（部分）

机构类型	部门	说明
立项规模较大的部门	科技部	以理工农医类学科为主，少量管理学科或交叉学科的项目
	全国哲学社会科学工作办公室	支持范围为哲学与各类社会科学相关学科
	教育部	支持范围为哲学与社会科学相关学科，申请单位限定为全国普通高等学校
	全国博士后管委会	申请对象为在站博士后或即将入站的博士后，学科不限
立项规模较小的部门	工信部	主要支持工业与信息化领域相关的项目
	交通运输部	主要支持交通运输领域相关的项目
	民政部	主要支持民政相关主题的项目
	公安部	主要支持公安工作和社会安全保障相关主题的项目
	最高人民检察院	主要支持检察工作相关主题的项目
	最高人民法院	主要支持与法院工作和法律理论相关的项目
	统战部	主要支持与统战工作相关的项目

　　跨部门科研项目申请书资源共建共享推进的组织方面，可以灵活采用两两共建共享与多机构共建共享的模式。所谓两两共建共享，是指参与共建共享的主体只有两个，一般由一方主动发起，沟通协商后达成个性化的资源共建共享策略，这种模式适用范围较为广泛。多机构共建共享是指由多个立项领域存在交叉的机构之间，建立共同的资源共建共享机制，以提高资源共建共享效率，其更适用于立项规模较大的几个机构之间。为更好推进多机构科研项目申请书资源共建共享，首先需要建立由各个相关机构共同参与的议事协调机构，负责资源共建共享的领导、协调工作，在人员设置上，为保障协调机构的权威性，各个机构应由负责相应工作的部门副职

作为议事协调机构的成员；在建立议事协调机构的基础上，应通过适当的议事协调机制商讨、制定资源共建共享的实施机制，包括资源共享的范围、方式、用途约束、保障机制等。

为最大限度地减少申请书信息泄露的风险，跨部门资源共建共享中，需要在遵循最小共享原则前提下，审慎选择是申请书资源的全局共享还是针对部分学科领域、申请人群体、项目类型的局部共享，如科技部与全国哲学社会科学工作办公室间进行资源共享时，只需要共享管理学相关学科的项目申请书即可，而不必共享全部的申请书资源。

在实现模式上，尽量以物理共享模式为主，既可以将资源集中共享至某一家立项规模较大的部门，也可以设立独立第三方负责各方共享资源的存储与服务。但是，由于部分科研项目申请书属于涉密资源且可能密级较高，在共享过程中需要单独处理，对于依法可以共享的资源，可以通过物理或逻辑方式进行共享，否则不应纳入共享范畴。

3.3 基于联盟的科研项目申请书资源共建共享

对于科研项目管理与资助机构来说，科研项目重复检测既是一种重复项目发现的重要手段，也是对科研人员的一种威慑手段。当前技术条件下，经过较大幅度的同义改写或结构调整后，即便是存在事实上的重复，也难以通过技术手段进行发现。因此，为保持科研项目重复检测的威慑力，科研管理与资助机构主观上不愿意向科研项目申请机构共享其申请书资源。而科研项目申请机构为提高科研诚信自律能力，就需要通过与其他科研项目申请机构进行申请书资源共享，获得较为丰富的申请书资源。借鉴文献资源、科学数据共建共享的模式，科研项目申请机构也可以采用联盟模式进行申请书的共建共享。

3.3.1　科研项目申请书资源共建共享联盟运行模式

参考图书馆开展文献信息资源共建共享的联盟模式①，科研项目申请机构建立申请书资源共建共享联盟可以采用的模式包括理事会模式和实体组织模式。具体实践中，各机构可以视情况选择合适的模式。

（1）理事会模式

理事会模式是一种资源共享中普遍采用的模式，这种模式下，由各个参与资源共享的机构派出代表组建理事会，并由理事会负责联盟的整体运作，包括政策制定、战略规划等。该模式的优点是可以从联盟整体发展战略方面推动联盟的发展，便于根据联盟的目标制定联盟的整体运作策略、具体实施方案等，但在具体实施过程中，由于联盟对成员没有非常强的约束力，政策的实施效果非常依赖于成员的态度与执行力。

这种模式下，科研项目申请书资源的共享不适宜采用物理共享的方式，而适合采用逻辑共享的方式。其主要原因是，各参与共享的机构之间在科研项目申请方面存在竞争关系，而科研项目申请书资源的物理共享，极可能导致申请书被提供给从事相关领域研究的人员，导致申请书的敏感性与保密性遭到破坏。

所谓逻辑共享，是指各主体共享的项目申请书资源并不实现物理上的集中，而是分散存储在各共享主体处，仅是在应用层面实现资源的集成利用，获得较为准确的项目申请书重复检测结果。具体实现中，可以通过构建统一重复检测平台和点对点提供申请书重复检测服务两种模式实现。

基于统一重复检测平台的申请书资源逻辑共享。该模式下，联盟构建统一的科研项目申请书重复检测平台，通过该平台，各参与

---

①　白冰，高波. 国外图书馆资源共享现状、特点及启示[J]. 中国图书馆学报，2013，39（3）：108-121.

共享的机构可以提交重复检测申请，并由其他参与共享单位提供检测结果，并在完成检测后，彻底删除所接收的重复检测文件。具体实现中，可以视情况采用两种思路推进：重复检测结果自动融合和重复检测结果分散返回。前者可以通过平台实现检测结果的自动融合，用户的使用体验与物理融合模式相近；后者则会从各个共享主体分别接收一份查重报告，用户需要自行实现查重报告的整合。

重复检测结果自动融合模式运行机制如图 3-4 所示：用户通过科研项目申请书资源逻辑共享平台发起重复检测需求；平台将检测需求处理后，分别下发给各共享主体的项目申请书重复检测系统；各系统重复检测结束后，将结果直接或经处理后返回逻辑共享平台，并同步删除所检测的文件或数据；逻辑共享平台对通过多个渠道获取的重复检测结果进行融合，得到完整的检测结果，并返回给用户。受我国信息安全管理制度的约束，涉密信息不能通过互联网传输，因此该种模式适用于各参与共享主体的申请书资源均不涉密

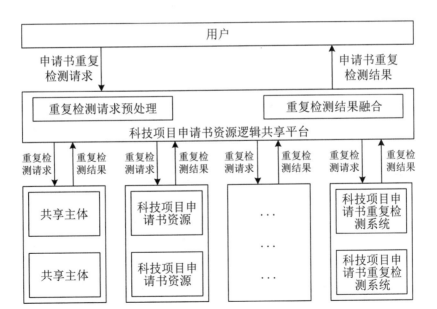

图 3-4　科研项目申请书资源逻辑共享模式运行机制

的情形。为实现申请书资源的统一揭示与一站式集成重复检测，逻辑共享平台需要实现异构元数据映射与接口转换。异构元数据映射方面，由于难以保障各个共享主体的重复检测系统采用相同的元数据体系，因此逻辑整合系统需要具备元数据映射功能，以消除系统间的元数据异构问题。接口转换功能一方面需要将用户通过逻辑共享系统发出的服务请求转换成各个重复检测系统能够处理的格式，另一方面需要将各个系统返回的结果进行统一的格式转换，转变为逻辑整合系统可以进一步处理或展示的格式。

重复检测结果分散返回模式运行机制与上一模式相近，区别在于：第一，用户可以直接将查重请求分别提交给各个共享主体，尤其相应的工作人员响应需求。第二，各参与共享主体利用自有重复检测系统完成检测后，需要对结果进行审核，若检测报告中出现了涉密内容（即所检测的申请书与涉密申请书中的内容存在疑似重复），则需要判断是否适宜将相关内容返回给用户。第三，完成检测后，需要删除所接收的重复检测文件或请求数据。第四，各参与共享主体返回的重复检测报告是独立的，用户需要自行对其分析、整合，从而得到完整的重复检测结果。

与物理共享模式相比，该模式的不足之处主要表现在两个方面，一是数据分散分布，难以实现在知识图谱构建环节的协同，从而导致所构建的知识图谱对实体关系的抽取不够全面、准确；二是重复检测是分散进行的，可能会导致检测效率的下降。

基于点对点的科研项目申请书资源逻辑共享。该模式下，参与科研项目共享的各个机构都需要建设科研项目重复检测系统，并完成机构内的科研项目申请书资源采集与加工，从而具备科研项目申请书资源共享的基础；在共享环节，科研项目申请机构通过适当形式将待检测申请书传递给资源共享机构，并进行重复检测、生成检测报告；完成检测后，在发起共享请求的机构监督下，删除全部的科研项目文档及数据；由共享方对科研项目申请书重复检测报告进行审核，进而将报告返回给发起共享请求的机构，流程如图 3-5 所示。

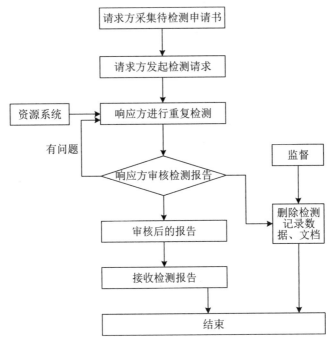

图 3-5 基于点对点的科研项目申请书资源逻辑共享实现流程

(2) 实体组织模式

实体组织模式是指，联盟在运行过程中，设立专门的实体机构负责联盟的运作。该机构以委员会作为最高领导机构，负责资源共享政策、发展战略、机构运行机制的设计以及实体机构的运营监督，委员会由参与成员单位派代表组成；委员会之下，按照一般的组织架构进行设计。整个机构应当属于独立于任何一家成员单位的第三方。这种模式下，由于负责联盟运行的机构与各个成员单位之间不存在复杂的利益关系，也不存在主观上将申请书资源外泄的动机，因此可以采用物理共享的模式。

其运行机制为：申请书资源共享委员会制定资源共享政策，确定机构共享资源的范围、资源利用的方式等基本政策；各成员机构

55

采集、整理本机构的科研项目申请书资源，并提交到负责联盟管理的实体机构；联盟管理机构对申请书资源进行集中存储与加工处理；联盟管理机构建设科研项目申请书重复检测系统，并向各个成员机构提供服务；成员机构具有项目重复检测需求时，通过网络平台或线下方式发起重复检测请求；联盟管理机构响应检测需求，并将检测结果返回给成员机构；建立申请书资源更新机制，每年按照联盟管理机构的工作安排进行申请书资源的提交。

这种模式下，为保持实体机构的正常运营，需要较大规模的经费支持。在获取方式上，既可以采用会费模式，也可以通过有偿服务模式获得运行经费。前者是指，所有的成员机构都按照规定每年上交一定的会费，作为实体机构的运营经费，并免费享受实体机构的服务；后者是指，成员机构不缴纳或者只缴纳少量会费，剩余经费通过有偿服务的形式获取，即成员机构每次开展申请书重复检测时，都需要支付一定的费用，而且还可以在征得联盟委员会同意的前提下，对外提供申请书重复检测的有偿服务。

3.3.2 科研项目申请机构结盟对象选择

科研项目申请机构主动选择结盟对象的方法有两种，一是申请加入已经存在的共建共享联盟，二是主动寻求共享对象。无论是哪一种形式，科研项目申请机构都需要先分析哪些机构适合作为结盟对象，以免在结盟对象选择中出现盲目性问题。

依据前期对科研项目重复案例及申请书特点的分析，出现重复的申请书的申请人之间常常具有较近的社会关系，多是直接关联，主要包括同事、师生、同门、合作、同学等 5 种，少量是间接关系，即通过一个共同的具有直接关联的人员建立关联。以此出发，科研项目申请机构应在分析机构内科研人员校外社交关系的基础上，确定优先结盟对象。

实施过程中，根据基础数据获取方式的不同，可以分成基于社会调查的分析方法和基于文献计量的分析方法。

(1)基于社会调查的优先结盟对象分析方法

该方法采用调查问卷的方式对机构内的科研人员进行科研交流机构分布调查，并以此为基础选择优先结盟对象。具体而言，主要包括如下几个环节：通过调查问卷的方式对机构内科研人员进行调查，要求科研人员填写自己的毕业院校、关系较好的同学与同门的工作单位、科研合作机构、学术交流密切的机构；根据数据填写结果，建立科研人员与关联科研机构（存在上述4种关系之一即为关联科研机构）组合，并进行数据去重，剔除重复的科研人员与机构组合；统计各个科研机构的频次，频次较高的即为需要优先结盟的对象。这种方法的操作相对较为简单，能获取的直接社会关系较为全面，但如果科研人员问卷填写不认真或者存在故意少填、误填现象，则可能导致结果出现偏差；另外，随着时间的推移，科研人员的直接社会关系分布会发生变更，需要定期进行重新调研分析。

(2)基于文献计量的分析方法

关系较为密切的科研人员之间，会更容易发生科研合作，因此可以通过文献计量的方法确定关系较为密切的科研人员、科研机构，进而确定优先结盟的对象。具体而言，主要包括如下几个环节：①通过本机构科研人员的申请书、所发表的学术成果，采集科研人员的共现信息；②根据共现信息，建立本机构科研人员—外机构科研人员—所属机构关联数据对，并剔除重复数据；③统计各个科研机构的出现频次，频次最高的即为具有直接关联且关系密切的科研机构，也是应优先结盟的对象；④以具有关联的外部机构科研人员为对象，分析与其具有合作关系的科研机构；⑤以此数据为基础，统计各个科研机构的出现频次，频次最高的即为具有间接关联且关系密切的科研机构，也可以从中选取部分纳入优先结盟对象中。这种方法的操作相对复杂，实现难度较高，但也具有自身优势，即分析结果较为客观，不会受科研人员主观意愿的影响；不但能分析具有直接关联的科研人员，还可以分析具有间接关联的科研机构，有助于更全面地确定优先结盟对象。

　　如果是科研项目申请机构点对点地寻找结盟对象时，可以按照机构间的关系密切程度进行优先级确定；但如果是选择拟加入的科研项目申请书资源共建共享联盟时，则可以将联盟内的所有机构视为一个整体进行看待，来判断其可能带来的覆盖率提升。需要说明的是，如果联盟中的部分机构已经建立了联盟关系，则分析时应将此类机构排除在外。

4 知识抽取视角下的科研项目申请书细粒度语义标注方法

无论是科研项目申请书资源建设环节的知识图谱构建，还是重复检测环节的申请书预处理环节，都离不开对申请书内部各类知识要素的抽取。实现科研项目申请书的细粒度语义标注，能够将半结构化或非结构化的科研项目申请书转化成具有丰富语义信息的富文本形态，从而便于高效、精准地实现申请书中知识信息的抽取。

4.1 科研项目申请书细粒度语义标注框架与模型构建

语义标注框架既明确了科研项目申请书细粒度语义标注的范围和对标注结果的要求，也对语义标注模型设计具有指导和约束作用，因此拟首先进行科研项目申请书细粒度语义标注框架设计，在此基础上构建语义标注模型。

4.1.1 科研项目申请书细粒度语义标注框架设计

鉴于各类科研项目申请书中涉及的项目基本信息及申请书正文填写的要求不尽相同，因此，为构建通用性强、要素涵盖全面的科研项目申请书细粒度语义标注框架，拟采用自底向上的方法，首先对规模、影响力较大的国家重点研发计划、国家自然科学基金、国家社会科学基金、教育部人文社会科学基金、博士后科学基金等 5 类科研项目为对象，对其所涉及的各细分类科研项目申请书进行分析，进而结合科研项目重复检测中知识抽取的要求，归纳总结形成标注框架。

为保障语义标注框架要素的全面性，对每类科研项目都收集了若干申请书作为样本。分析过程主要包括申请书构成要素识别、细粒度语义标注要素筛选、标注要素命名及层级关系分析 3 个环节。

（1）申请书构成要素识别

该环节的目标是以各类申请书为基础，尽可能全面识别需要标注的要素。识别过程中，侧重于通过对各类项目申请书的模板进行分析，包括其封面（如图 4-1 所示）、结构化表格（如图 4-2 所示）及正文部分的填写内容要求及说明等，如教育部人文社会科学研究项目申请书中的"一、本课题研究的理论和实际应用价值，目前国内外研究的现状和趋势（限 2 页，不能加页）""二、本课题的研究目标、研究内容、拟突破的重点和难点（限 2 页，不能加页）""三、本课题的研究思路和研究方法、计划进度、前期研究基础及资料准

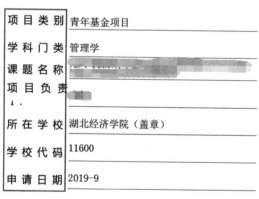

项 目 类 别	青年基金项目
学 科 门 类	管理学
课 题 名 称	
项 目 负 责 人	
所 在 学 校	湖北经济学院（盖章）
学 校 代 码	11600
申 请 日 期	2019-9

图 4-1　教育部人文社会科学研究项目申请书封面

备情况(限 2 页,不能加页)""四、本课题研究的中期成果、最终成果,研究成果的预计去向(限 800 字)";同时对申请人实际撰写的申请材料进行分析,提取要素加以补充完善。

申请人信息					
姓　名		性　别	女	出生年月	
职　称	讲师	所在部门			
职　务		最后学历	博士研究生	最后学位	博士
外语语种	英文	E-Mail			
通讯地址					
邮　编	430205	手　机		固定电话	

图 4-2　教育部人文社会科学研究项目申请书申请人信息表

(2)标注细粒度要素筛选

通过分析抽取各类要素对科研项目重复检测是否具有支撑作用,判断其标注的必要性;此处的支撑作用包括直接支撑和间接支撑,如对申请书中的"研究方法"部分进行标注具有直接支撑作用,因为该部分内容作为申请书的核心组成部分,需要纳入重复检测范围;对申请书的"身份证号"信息进行标注具有间接支撑作用,因为该信息有助于进行科研人员的消歧,进而为申请书重复检测提供支撑。

(3)标注要素命名及层级关系分析

鉴于不同申请书中对同一要素的命名可能有差异,而且所筛选出来的要素之间可能存在上下级关系,因此,在完成标注要素筛选基础上,一方面需要将同义要素识别出来,并选择合适的名称作为标注框架中该要素的名称;另一方面,需要在要素命名基础上,将

61

具有层级关系的要素识别出来并确定上下位关系，从而为标注的实施提供指导。

经过分析，项目申请书出现的要素中，对科研项目申请书重复检测有价值的要素共 39 个，构成了细粒度语义标注框架，如表 4-1 所示。这些要素可以分为 3 类，分别是：①科研项目基本信息要素，包括所属科研基金、项目类型、项目名称、所属学科、申请人姓名、申请人等 26 类要素，这些要素在重复检测中确定候选比对对象具有支撑作用，有助于在保障重复检测全面性的同时大幅提升检测效率；②申请书功能单元要素（参照 Zhang Lei 等①、王晓光等②的观点，从语篇结构与内容组织角度出发，申请书正文的不同部分承担了不同的功能，申请书中物理上集中在一起且具有相同功能的知识单元就可以视为功能单元），包括立项依据（包括研究背景、研究现状、研究意义等）、研究对象、研究目标、研究框架、拟解决的关键问题、其他研究内容（属于研究内容部分，但又不属于研究对象、研究目标、研究框架、拟解决的关键问题的相关内容，包括子课题设置思路、子课题间的关系、过渡段内容等）、研究方案（仅包含研究思路与研究方法）、创新之处、学术简历等 9 项，其中前 8 类要素是申请书正文的核心组成部分，也是判断申请书是否存在重复的核心，学术简历要素中则包含了申请人及项目组成员的部分个人信息，可以作为科研人员属性及关系知识抽取的基础数据；③模态要素，包括文本、图像、表格、公式等 4 类要素，此类要素是从模态角度对申请书的各功能单元要素进行再次标注，其原因是不同模态的要素需要采用差异化的检测策略，实现模态要素的区分有助于为申请书重复检测的实施提供支撑。

---

① Lei Z, Kopak R, Freund L, et al. A taxonomy of functional units for information use of scholarly journal articles[J]. Proceedings of the American Society for Information Science & Technology, 2011, 47(1): 1-10.

② 王晓光，李梦琳，宋宁远. 科学论文功能单元本体设计与标引应用实验[J]. 中国图书馆学报，2018，44(4): 73-88.

表 4-1 科研项目申请书语义标注框架

要素类型	要素名称
基本信息要素	项目名称、项目类型、所属学科、学科代码、申请时间、关键词、科研人员姓名、科研人员性别、科研人员出生年月、科研人员民族、科研人员手机号、科研人员固定电话、科研人员传真、科研人员 E-mail、科研人员学历、科研人员学位、科研人员职称、科研人员职务、科研人员工作单位、科研人员研究领域、科研人员身份证号、科研人员护照编号、科研机构名称、科研机构代码、科研机构地址、科研机构邮编
功能单元要素	立项依据、研究对象、研究目标、研究框架、拟解决的关键问题、其他研究内容、研究方案、创新之处、学术简历
模态要素	文本、图像、表格、公式

4.1.2 科研项目申请书细粒度语义标注模型

科研项目申请书的常见形态有原生 doc/docx/wps 文档、原生 pdf 文档和纸质文档扫描件(文件格式包括图像、pdf、doc/docx/wps 等),这三类形态各自有不同的特点。原生的 doc/docx/wps 文档中包含了较丰富的语义信息,包括内容的存储形态(包括文本、表格、不同格式的图像、可操作对象等),文本的字体字号颜色及段落划分等,表格中各个单元格的行列位置、是否合并单元格及合并对象、单元格取值等,根据这些语义信息,可以准确地实现模态要素的初步识别、文本段落的划分;原生 PDF 文档中包含的语义信息则较少,难以准确实现模态要素的识别和文本段落的判断,尤其是对于非英文的 PDF 文档;纸质文档扫描件则无论其以何种文件格式存在,其本质上都为连续多张图像。因此,在进行科研项目申请书细粒度语义标注时,需要针对不同类型的文档进行差异化的预处理,消除掉申请书原始形态的影响。

同时,根据对样本申请书的分析,项目基本信息要素常常分布在申请书封面和结构化表格中,规律性较强,因此在标注时可以考虑采用基于规则的方式进行实现；申请书功能单元要素则多以非结构化或者半结构化形态存在，难以根据文档自身的语义信息实现较为准确的标注，因此标注时需要采用机器学习的方法；申请书中的图像、表格、公式、文本四类模态间存在交叉或上下级关系，如公式、表格、文本可能以图像形态存在，表格的单元格内容可能是图像、公式、文本，这就要求在进行模态要素识别时，不但需要关注其存储模态，还需要结合实际内容进行模态的判断。

　　基于上述分析，为实现科研项目申请书的细粒度语义标注，首先需要对输入文档进行真实形态判断，进而对其进行预处理，以便于语义标注的实施；鉴于预处理过程中必然涉及申请书内容要素的模态判断，因此可以将模态标注与预处理一体化进行；完成模态要素识别与预处理基础上，需要分别针对基本信息要素与正文内容要素采用不同的方法进行语义标注，从而实现半结构化或非结构化科研项目申请书的语义化。根据上述认识，构建了如图 4-3 所示的科研项目申请书的细粒度语义标注模型。

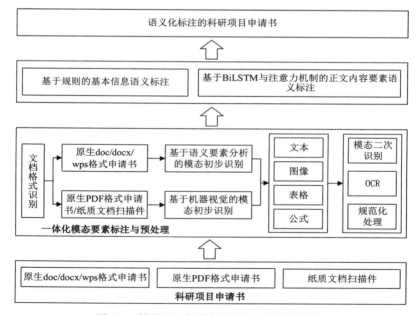

图 4-3　科研项目申请书细粒度语义标注模型

（1）一体化模态要素标注与预处理

此环节的主要目标是识别各类文档中的文本、图像、表格、公式要素，并将其转换为便于处理的原生数字形态，主要步骤如下。①文件类型识别，区分为原生 doc/docx/wps 文档、原生 pdf 文档和纸质文档扫描件。若文件后缀为 doc/docx/wps 文档且文档中仅包含图像对象，则将其判断为纸质文档扫描件，否则将其视为原生 doc/docx/wps 文档；若文件后缀为 pdf 且文档中仅包含图像对象，则将其判断为纸质文档扫描件，否则将其视为原生 pdf 文档。②对于原生 doc/docx/wps 文档，根据文件自身包含的语义信息，将其区分为图像、文本、公式、表格等 4 类模态的对象。③对于纸质文档扫描件，采用机器视觉技术对每张图像进行粗粒度分割处理，并对每一个切分后的对象单元进行模态类型判断，区分成图像、文本、公式、表格等 4 种模态。④对于原生 PDF 文档，鉴于其所包含的语义信息不足，因此首先将每一页转换为一张图像，之后采用步骤③的方法进行处理。⑤采用机器视觉技术对图像模态的对象进行分析，识别其中混入的文本、表格、公式信息。⑥对于 PDF 及纸质文档扫描件中识别出的表格，采用机器视觉技术将其按单元格进行拆分，并识别每一个单元格的模态类型；对于原生 doc/docx/wps 文档类申请书进行类似处理。⑦采用 OCR 技术，对图像形态的文本进行处理，识别其中的文字；并根据处理结果将图像形态的单元格还原成原生数字化形态，对段落文本重新进行切分，实现段落的重新切分。

（2）基于规则的基本信息语义标注

总体来说，科研项目申请书中基本信息要素的规律性较强，位置上一般处于封面和特定表格中，而且处于封面时，常常也会伴随着特征词一起出现。基于此，科研项目申请书基本信息要素的语义标注可以采用基于规则的方法实现。由于申请书模板多样且多变，不同类型项目的申请书常常不完全一致，同一类型项目的申请书随着时间的推移，其模板可能也会发生变化，因此实施过程中要注重突破标注规则的自动学习问题。

（3）基于 BiLSTM 与注意力机制的正文内容要素标注

尽管各类科研项目申请书的正文部分也有相对明确的内容要求，但由于这些要求多是指示性建议而非强制性要求，科研人员在文档撰写时常按照自己的习惯进行撰写，一方面未必完全按照要求的要素进行填写，另一方面可能在结构安排上进行灵活调整，进而导致正文内容要素的标注较为困难。为解决这一问题，拟以段落为基本单位，将正文内容要素标注问题转换为自动分类问题，进而采用 BiLSTM 与注意力机制相结合的深度学习技术加以解决。

4.2　一体化科研项目申请书模态要素语义标注

不同载体形态存储的科研项目申请书在编码形式、组织结构上存在不同，相应的模态要素识别方法及难易程度也存在较大差异。以 doc、docx、wps 等形态存储的电子版科研项目申请书的模态要素识别较为简单，可以直接通过解析和识别文档的内容元素及其标识实现，而以 pdf 形态存储的科研项目申请书，由于更强调内容显示效果的稳定性，其本身不含有内容的结构信息，直接对其内容和要素解析可能会造成顺序错乱、内容丢失和要素识别错误等情况，特别是科技项目申请书中的公式、表格等要素，现有的 pdf 解析工具通常会将其当成文本要素进行处理，造成关键内容的丢失。此外，以图像形式存储的科技项目申请书扫描件的模态要素标注需要对图像进行拆分和模态识别，在实现上涉及图像的分割、分类及内容识别等技术。基于此，为识别不同形态的科研项目申请书中的模态要素，首先需要对待标注的科技项目申请书进行预处理，包括科技项目申请书格式识别及校验、文档内容类型判断、文档规范化处理三部分，在此基础上针对不同形态的文档内容，进行科技项目申请书的模态要素语义标注方法设计，对于以 doc、docx、wps 格式存储的电子版科研项目申请书，直接运用其自带的元素标识辅助识别，而对于 pdf 格式及以 doc 等格式存储的纸质文档扫描件，则引入机器视觉技术，从视觉角度对图像进行拆分及模态要素判断，并针对不同模态的特点进行进一步处理，以实现科技项目申请书的模态要素语义标注。

鉴于以 doc、docx、wps 格式存储的电子版科研项目申请书的模态要素语义标注在实现方法上较为简单，且存在较为成熟工具，在下文中并不做细致展开，而主要针对待标注的科技项目申请书进行预处理及基于机器视觉的科研项目申请书模态要素语义标注过程进行详细介绍。

4.2.1 科研项目申请书预处理

由于不同来源获取的科研项目申请书的格式、类型存在不同，为实现一体化、自动化的科研项目申请书模态要素语义标注，首先需要对待标注科研项目申请书进行预处理，包括科技项目申请书文档格式识别及校验、文档内容类型判断、文档规范化处理三个部分，如图 4-4 所示。

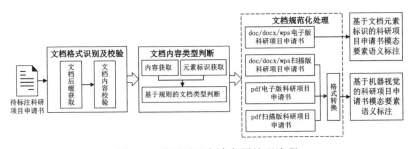

图 4-4 科研项目申请书预处理流程

①文档格式识别及校验。一般情况下，一个文档的命名方式为"文档名称+后缀名"，其中文档后缀名代表该文档的编码方式。不同格式的科研项目文档的编码方式存在明显差异，如由于编码不

67

同，在对 doc 和 docx 格式文档进行读取时，通用的 Word 文档解析包——poi 包，分别采用 hwpf 和 xwpf 模块定义文档中各元素。不同类别文档的编码方式具有不同的解析及模态要素标注方式，因此在科研项目申请书预处理过程中，首先需要对待标注科研项目申请书的文档格式进行识别和校验。常见的文档后缀名包括. doc、. docx、. wps 等，在对文档后缀名获取时，可以采用部分匹配法将文档全部名称与列举出的已知存在的科研项目申请书文档后缀名进行匹配，从而获得目标文档的后缀类别。

值得注意的是仅仅通过文档的后缀名判断文档的编码方式可能存在误差，如在更改 docx 格式的文档时，仅通过更改文档的后缀名将. docx 改为. doc，而文档内部的编码方式并没有改变，造成文档编码方式识别错误，进一步影响后续的文档解析和模态要素标注。针对这一问题，在获得文档后缀的基础上，还需要对文档内容进行校验，即选取目标编码方式独有的特征进行匹配，判断该文档是否包含该特征，从而完成文档格式的识别。

②文档内容类型判断。科研项目申请书从内容上看，既可能是数字化形态的电子文件，包括文字、图片、表格、公式，也可能是纸质形态的申请书经过拍照或设备扫描上传，形成以图片为基本构成元素的扫描版文件。其存储格式既可以为 doc/docx/wps，也可以为 pdf 格式。由于扫描版文件需要对图片中的文字、图片、表格、代码元素进行进一步拆分，而不能简单地将其归为图片模态进行标注，因此需要对文档内容类型进行判断，识别其中的电子版文件和扫描版文件。判断过程为：首先获取待标注文档的内容及元素标识，主要获取文档中的文本及图像信息，在此基础上设定判断规则，即所获取的文档中文本内容为空，图片内容为非空，如果满足该规则，则证明待标注科研项目文档为扫描版，否则为电子版。

③文档规范化处理。在完成文档格式识别及校验、文档内容类型判断后，科研项目申请书可以分为 doc/docx/wps 电子版科研项目申请书、doc/docx/wps 扫描版科研项目申请书、pdf 电子版科研项目申请书、pdf 扫描版科研项目申请书四类。对于 doc/docx/wps

电子版科研项目申请书，由于其编码中包含各模态要素的特殊标识，可以采用基于文档元素标识的科研项目申请书模态要素语义标注方法实现。而对于其他三类文档，为了更准确、高效地识别内容中的模态要素，均采用机器视觉技术，进行科研项目申请书模态要素标注。为了便于后续统一方法的应用，需要对这三类文档进行格式转换和预处理。对于扫描版科技项目申请书，由于文档中存储的均为图像格式，可以通过调用 PyMuPDF① 工具包直接抽取文档中的图像。而对于 pdf 电子版科研项目申请书，为了提取文档的视觉特征，需要将其按页转化为图像格式，具体实现中，同样可以应用 PyMuPDF 工具包实现转换。

在此基础上，对获取的图像进行灰度化及二值化处理。鉴于彩色图像在元数据抽取过程中的意义不大，为提高图像处理效率，将图像统一转换为灰色图像。在此基础上对灰色图像进行二值化处理，将灰度图像中每个像素点的 RGB 值设为 0 或 255（RGB 范围为 0~255，0 代表亮度为 0%，255 代表亮度为 100%），使得灰度图像转变为更加清晰的黑白图像。

4.2.2 基于机器视觉的科研项目申请书模态要素语义标注

在获取图像形态的科技项目申请书的基础上，需要对整个页面图像进行分割，在此基础上进行图片的分类，识别每一块图像所属的模态要素类别，即文本、图片、表格、公式，进而针对不同类别的图像进行不同处理，最终实现科研项目申请书模态要素语义标注。

(1) 基于投影的页面图像分割

鉴于科研项目申请书的版式较为固定，本书首先采用投影法进行图像的粗分割，根据每行、列的像素分布特征将整页图像分割成不同大小的子图像，在此基础上，考虑部分科研项目申请书中会存

69

---

① https://github.com/pymupdf/PyMuPDF[EB/OL].

在外边框，对获取的初始子图像进行边框识别及剔除，完成整页图像的拆分，其流程如图 4-5 所示。

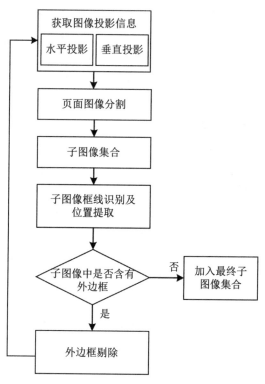

图 4-5 基于投影的页面图像分割流程

图像在对应方向上的投影就是在该方向上取一条直线，统计垂直于该直线的图像上的像素数量，累加求和后获得该轴该位置上的值。对于转化成图像的科研项目申请书页面，在经过二值化处理后，图像在水平方向和垂直方向的投影具有明显的特征：其一，申请书中正文之间具有明显的空白间隔，反映水平投影上为像素值的间断式变化；其二，申请书的版式固定，根据其垂直方向投影值变化，易于区分文本的分段信息。因此，可以通过统计图像在水平及垂直方向上的投影信息，进行页面图像的分割。

通过对仅依靠整个页面的投影信息分割图像可能将带有外边框的内容合并视为一个子图像，从而影响页面图像分割及模态要素标注的效果。为此，对于初始分割的子图像，需要进行图像中框线识别和位置提取，通过利用OpenCV视觉库，对图像进行扫描，获取图片中横线、竖线及其在页面中的位置，同时综合横线的位置、长度及数量等信息，判断获得的框线是否为外边框，如果是，则将该边框去除，对此子图像再次进行分割，如果子图像不包含外边框，则将其加入最终获得的子图像集合中。

（2）基于 ResNet 和多层感知机的图像分类

在完成每页图像的拆分基础上，需要对各个子图像所属的模态要素类别进行分类，即将各子图像分为"文本""表格""图片""公式"这四种类型。

卷积神经网络（CNN）依托其深层特征，能够具有更优异的适应性和学习能力，在图像分类领域取得了不错的效果。通过实验发现，使用CNN模型进行图像分类时，图像分类性能与网络模型的深度存在非常重要的关系，即网络模型的深度越深，模型的特征提取能力和表达能力就会越强。但是，当网络层数增加到一定数量后，继续增加网络层数，模型的分类准确度反而出现下降情况，网络模型产生了更高的误差。针对上述问题，何凯明等人提出了基于残差网络结构的 ResNet 模型①，将残差网络引入深度卷积神经网络之中，可避免随着网络加深而降低准确度的问题。同时，由于CNN是一种广义的线性模型，仅仅是将局部感受野中的元素进行线性组合，其抽象能力是比较低的。通过在卷积操作之后加入多层感知机（MLP），可以使模型对局部视野内的微小差异具有较强的辨别能力，能够更好地提取深层特征。因此借鉴多层感知卷积层可以增强模型在感受野内对局部区域的辨别能力的思想，结合残差网

71

① He K, Zhang X, Ren S, et al. Deep Residual Learning for Image Recognition[J]. IEEE. DOI:10.1109/CVPR,2016:90.

络残差单元简化网络学习过程的能力，拟在 ResNet50 网络模型中引入多层感知机卷积单元，形成基于 ResNet 和多层感知机的图像分类算法，如图 4-6 所示。

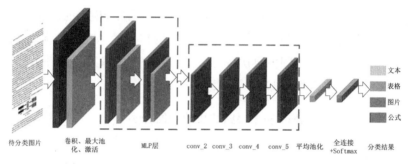

图 4-6　基于 ResNet 和多层感知机的图像分类模型结构

研究中选用的是 ResNet50 这一代表性网络架构。

在 ResNet50 结构中引入两个多层感知机模块，并且在每个多层感知机卷积模块后都紧跟着池化层，以便于网络提取深层特征。待分类图像块经过输入层进入卷积层进行浅层特征抽象，此时提取的特征稀疏度较低仍然保留较多的细节特征。这些浅层特征进入两层 MLP 卷积层中，由于 MLP 卷积层中的 1x1 卷积层对局部纹理特征的较强辨别能力，经过 MLP 卷积的浅层特征被进一步抽象，丢弃冗余信息，输出更加抽象的特征图。每个 MLP 卷积层后都有一个池化层，用来降低输出数据的维度，减小网络参数。之后进入 ResNet50 模型中的卷积层，经四个残差模块的操作后，进入平均池化层、全连接层，最后通过 softmax 层输出最终图片的分类结果。

基于 ResNet 和多层感知机的图像分类模型相比于 ResNet50 具有更强的特征提取和分类能力。加入 MLP 卷积单元，增强网络全局特征的学习能力和模型的非线性性，提升了网络的抽象表达能力。

(3) 基于 CRNN 的文本识别

在子图片分类的基础上，需要对"文本"模态的图像进行文字识别，完成图像中的文字区域到文字字符的转化。传统的图像中文本识别方法较为复杂，包括图像预处理、单个字符分割、字符特征提取、分类、语言解码等模块。由于采用了先分割字符再分类识别的策略，不仅使得算法的复杂性较高，而且忽略了文本的上下文信息，影响了文本识别的准确率。由此提出了基于 CRNN 的文本识别方法，结合卷积神经网络和循环神经网络的各自优势，构建 CRNN 网络结构。在底层特征提取过程中，通过多层卷积操作，逐步提取输入文本图像的深层特征，生成特征序列。中间层中，利用 BioLSTM 获取特征序列中长距离的相关性，从而改善特征提取过程中的局部相关问题，更好地获取上下文信息。最后，顶层的转录层（Transcription）可以将双向循环网络产生的预测序列进行转化，生成的标签序列为文本识别的结果。基于 CRNN 的文本识别算法不需要显式加入文字切割环节，而是将文字识别转化为序列学习问题，虽然输入的图像尺度不同，文本长度不同，但是经过 CNN 和 RNN 后，在输出阶段经过一定的翻译后，就可以对整个文本图像进行识别。

CRNN 的网络结构如图 4-7 所示，主要包括卷积层、循环层和转录层三个部分。

①卷积层。卷积层的作用是从输入图像中提取特征序列，其过程为首先提取目标图像的卷积特征图，在此基础上将特征图转换为特征序列。通过 CNN 网络，可以生成输入图像的特征图，形状记为 $h \times w \times n$，其中 n、w、h 分别代表特征图的深度、宽度、高度。根据获取特征图，可以将其变为向量的大小为 $h \times n$，共 w 个特征向量，形成一维特征向量序列，特征序列的长度即为特征图的宽度。如果第 i 个特征向量为 $X^{(i)}$，则特征图可以表示为：$\varphi(i) = \{X^{(i)}\}$，$i \in [1, 2, \cdots, w]$。

②循环层。循环层的作用是预测从卷积层获取的特征序列的标签（真实值）分布。本层采用 BiLSTM 网络，在卷积特征的基础上继

73

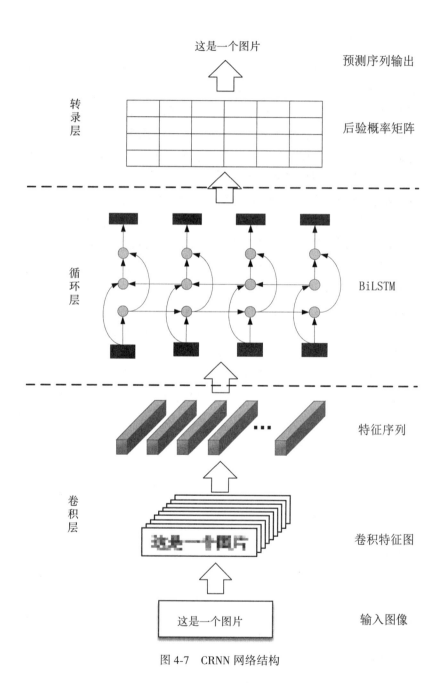

图 4-7 CRNN 网络结构

续提取文字序列特征。

③转录层。转录层的作用是把从循环层获取的标签分布通过去重整合等操作转换成最终的识别结果。转录层中采用基于连接的时序分类(CTC)方法,解决输入数据与给定标签的对齐问题。当输入序列为 $X = \{x1, x2, \cdots, xi\}$,对应的标签序列为 $Y = \{y1, y2, \cdots, yn\}$,基于连接的时序分类目的就是获取 X 和 Y 间的对应关系。

转录层连接在循环层的后面,可以看成 BiLSTM 的输出层,BiLSTM 输出序列 y 的长度为 T,预测序列 z 是从左到右穿越整个字符序列输出概率矩阵的一条字符串路径,路径的长度与帧序列等长,均为 T,通过最大化 BiLSTM 的输出概率路径寻找所有路径中的最优路径,一条字符串路径的概率如公式(4-1)所示。

$$P(z \mid y) = \prod_{t=1}^{T} P(nt \mid yt) \qquad (4-1)$$

其中 nt 表示字符串路径对应位置的字符,$P(nt \mid yt)$ 表示预测序列 z 的第 t 项概率分布中 nt 对应字符的概率值。相应地,一个标签序列 l 的概率为所有能通过操作 β 得到同一个标签序列 l,预测序列 z 的概率和计算方法如公式(4-2)所示。

$$P(l \mid y) = \sum_{z: \ \beta(z) = l} P(z \mid y) \qquad (4-2)$$

标签序列 l 的后验概率即为 $P(l \mid y)$,训练的目标就是最大化后验概率,CTC 能计算所有可能字符串的概率,找出后验概率最大的字符串作为最后的输出,所以最终文本识别的结果为能使后验概率 $P(l \mid y)$ 最大化的任意标签序列,记为 l^*,计算如公式(4-3)所示。

$$l^* = \arg \max \left(P(z \mid y) \right) \qquad (4-3)$$

(4)基于机器视觉的表格单元格分割及内容识别

对于"表格"模态的图像,其主要由单元格及单元格中内容组成,并且表格内容多以"(元数据,取值)"的形式呈现。不同类型表格在元数据与取值的分布上存在较大差异,关系型表格的元数据一般分布于首行或首列,如科技项目申请书中的成员表,而非关系型表格的元数据可能分布于表格中的任意位置，如项目申请书中的基本信息表。因此，为保证后续的表格中基本信息及结构信息抽取的准确率，不仅需要对图片格式表格中的单元格进行精确切分，并识别单元格中的文字，而且需要按照表格中单元格分布的顺序，获取单元格对应行列的相对位置信息，实现图片格式的表格的结构化抽取。

从流程上看，图片格式表格的结构化信息抽取可以分为图片预处理、表格浅层视觉特征提取、基于框线结构的单元格切割、单元格位置信息获取及单元格区域文字识别、表格信息的结构化生成，如图 4-8 所示。

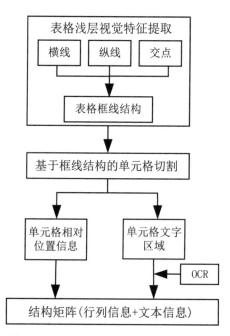

图 4-8　图片格式表格的结构化信息抽取

①表格浅层视觉特征提取。其目的在于通过识别表格中横线、竖线及交点，获取表格的框线结构。利用 OpenCV 机器视觉库，对

黑白图像的扫描，获得图片中的横线和竖线。具体的获取步骤为：采用长宽比为 100∶1 的矩形扫描，得到横线；采用长宽比为 1∶50 的矩形扫描，得到竖线，且通过适当地调整腐蚀和膨胀的参数，解决横线、竖线可能出现过粗、过细等粗细分布不均的问题，从而准确地识别横线和竖线。

②基于框线结构的单元格切割。上述步骤得到了表格的横线、竖线及横竖线位置信息，且各横线、竖线坐标从大到小排列，本研究以从上至下的第一条横线和第二条横线所在的行为第一行，从左至右的第一条竖线和第二条竖线所在的列为第一列。根据表格的横线和竖线交叉可以确定单元格的四个顶点坐标，根据顶点坐标依次遍历进行单元格切割，得到具有位置信息的多个单元格，其中位置信息由单元格所在的行数、列数构成，将单元格按照行列信息进行拼接可以复原表格。

③单元格位置信息获取及单元格区域文字识别。在切割单元格的基础上，根据单元格对应的横线、竖线及交点位置，可以定位各个单元格的行列信息，根据此位置，可以调用文本提出了基于 CRNN 的文本识别算法，识别单元格中的文字，最终得到各个单元格中的文字信息。

④表格信息的结构化生成。综合各个单元格的位置信息及文本内容信息，得到最终的表格结构化抽取结果。

图 4-9 为利用 OpenCV 机器视觉库以及基于 CRNN 的文本识别技术从表格文件中识别和提取表格结构信息的过程。图 4-9(a)为输入的科技项目文档中的表格图片，图 4-9(b)为经过灰度、二值化处理的过程图片，图 4-9(c)为识别表格的横线，图 4-9(d)为识别表格的竖线，图 4-9(e)为根据表格的交点坐标切割的单元格图片集，图 4-9(f)为结合 OCR 和表格结构化算法得到的结构矩阵。经过上述步骤处理，单元格从表格中分离，从一张独立的图片转换为单元格结构矩阵。

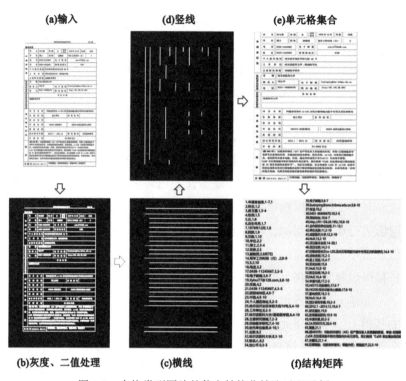

图 4-9　表格类型图片的信息结构化抽取过程示例

4.3　基于规则的科研项目基本信息要素语义标注

　　根据对国家重点研发计划、国家自然科学基金、国家社会科学基金、博士后科学基金、教育部人文社科基金等 5 大类科研项目申请书的分析，科研项目基本信息均分布在封面、项目基本信息表(不同类型项目表格名称可能会有差异，如国家社科基金对应表格名称为数据表)和项目成员表(不同类型项目表格名称可能会有差异，如教育部人文社科基金对应表格名称为课题组主要成员情况及签名)中，总体来说较为规范，采用规则法可以在同时实现语义标注的高准确率和高召回率。

4.3.1 科研项目基本信息要素语义标注规则学习方法

鉴于同类项目的申请书可能随着时间的推移在结构上发生变化，同一个基本信息项名称在不同申请书模板中的名称也可能存在差异，因此，基于既有申请书制定基本信息要素语义标注规则的思路不但成本较高，而且面临模板更新导致标注规则失效的问题。同时，科研项目申请书处理中，使用同一个模板的申请书一般具有多份，而且其封面、项目基本信息表和项目成员表的结构基本一致。根据这一特征，可以采用如下思路进行科研项目基本信息要素语义标注规则的半自动化学习：首先，根据封面、项目基本信息表和项目成员表三个部分对样本数据进行分组，实现基于模板的项目申请书分组；其次，以使用同一个模板的多份科研项目申请书为基础，自动进行封面、项目基本信息表和项目成员表的结构解析，并在少量人工辅助下建立语义标注规则。以该思路为指导，构建了如图 4-10 所示的科研项目基本信息要素语义标注规则学习模型。

(1) 基于规则的申请书封面、基本信息表与项目成员表识别

识别申请书的封面、基本信息表与项目成员表是区分不同模板申请书的基础，对科研项目基本信息要素语义标注规则学习效果具有重要影响。封面识别中，鉴于部分申请书的首页并非申请书封面(如部分教育部人文社科研究项目申请书的首页是填写步骤说明)，而且计算机程序读取的 doc、docx、wps 格式文档是一个整体，并未进行分页，因此无法直接通过页面的顺序进行封面定位；但是，申请书的封面中总是会包含项目类型信息(如教育部人文社会科学研究项目)及项目的部分基本信息，因此可以通过规则的方式进行申请书的定位。对于项目基本信息表和项目成员表而言，其首先是一个独立的表格，而且其部分单元格填充的内容及表格的表头常常包含特征词，故而也可以采用基于规则的方法进行识别。

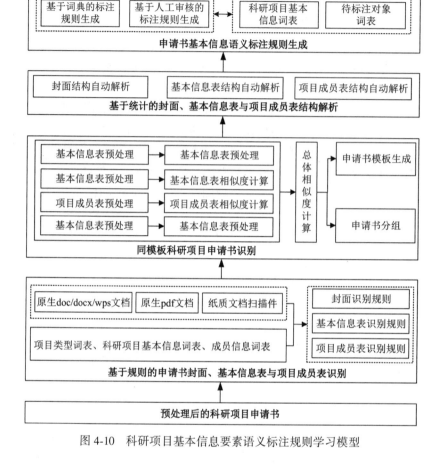

图 4-10 科研项目基本信息要素语义标注规则学习模型

①封面识别规则。无论对于原生 doc、docx、wps 格式申请书，还是原生 pdf 格式和纸质文件扫描件形态的申请书，基于规则的封面识别都可以分成封面初步定位和封面内容确定两个环节。封面初步定位可以采用词典法进行实现，即若一个区域内出现了科研项目类型信息和多个基本信息项，则该区域可以视为申请书封面的大致位置。在后一环节，若申请书是原生 doc、docx、wps 格式文档，则以项目类型信息出现的位置为中心，前后各截取若干行(根据经验可以截取上 5 行和下 10 行)作为封面信息，之所以前后截取的原因是，尽管多数科研项目基本信息出现在项目类型信息下方，但个

别信息也可能出现在项目类型信息上方；若申请书是原生 pdf 文档或纸质文件扫描件，则项目类型信息出现的当页为申请书封面。

②项目基本信息表识别规则。以预处理识别出的表格模态要素为对象，若表格中多个单元格的取值出现在科研项目基本信息识别支撑词表中，则将其视为项目基本信息表。

③成员信息表识别规则。鉴于独立存在的成员信息表基本都是行表头表格，而且表头一般不超过 2 行，因此，成员信息表识别中，若表格的首行或前两行中多个单元格的取值出现在科研项目基本信息识别支撑词表中，则将其视为成员信息表。

通过上述识别规则可知，词表质量对封面、基本信息表和项目成员表的识别效果具有重要影响。其中，科研项目类型词表需要由人工进行维护，将每一类需要处理的科研项目的名称都加入到词表中；科研项目基本信息和成员信息识别支撑词表则可以采用人工创建、自动更新的方式进行维护，首先由人工根据少量几类申请书模板进行初始词表的创建，之后采用无监督方法从所识别的基本信息表、项目成员表中自动进行补充完善。

此外，尽管每份科研项目申请书都有封面，但并非每一份申请书都拥有基本信息表或项目成员表，两者可能只存在一个，甚至都不存在；如若存在基本信息表或成员表，其数量也均为 1，这些特征在封面、基本信息表与项目成员表识别算法设计中也需要考虑在内。

（2）同模板科研项目申请书识别

依据项目类型信息、申请书封面信息、项目基本信息表和项目成员表，可以按如下流程进行同模板科研项目申请书的识别：①从样本数据中，随机抽取一篇项目申请书，并将其从样本数据中删除；②判断该申请书对应的模板是否已经存在，若存在则将其归入对应分组，转步骤④；否则，转步骤③；③提取该申请书的项目类型信息、申请书封面信息、项目基本信息表和项目成员表作为新模板，并将该申请书归入新建立的分组；④转入步骤①，直至样本数据集为空。

显然，实现同模板科研项目申请书识别的核心是依据项目类型信息、申请书封面信息、项目基本信息表和项目成员表判断两篇申请书是否属于同一个模板。理论来说，属于同一个模板的科研项目申请书应该同时满足以下几个条件：①项目类型完全一致；②封面展示的项目基本信息要素一致；③项目基本信息表中涵盖的要素一致；④项目成员表中涵盖的要素一致。据此，拟分别按照下述方法对四类对象的相似度进行判断。

①项目类型相似度计算方法。根据项目类型词表判断申请书所属项目类型，若两份申请书的项目类型完全一致，则相似度为 1，否则为 0。假设申请书 i 的类型为 t_i，申请书 j 的类型为 t_j，则项目类型相似度 $s(t_i, t_j)$ 计算方法如公式(4-4)所示。

$$s(ti, tj) = \begin{cases} 1 & if \quad ti=tj \\ 0 & else \end{cases} \tag{4-4}$$

②封面相似度计算方法。按段落读取封面的内容，剔除内容为空的段落，而且若连续出现多个空格，则将据此该段落拆分成多个部分。各个拆分单元总体上可以分成两类：一是封面上的基本信息；二是封面之外的信息，此类信息往往是投标人承诺、填写说明等模板中会固定出现的信息，因此将其纳入相似度计算范畴也不会对计算结果产生过大影响。假设申请书 i 的封面可以拆分成 c_i 个单元，申请书 j 的封面可以拆分成 c_j 个单元，若前 n 个字符($n \geqslant 2$)完全一致的单元数为 k 个，则申请书 i 和 j 的封面相似度 $s(c_i, c_j)$ 计算方法如公式(4-5)所示。

$$s(ci, cj) = \begin{cases} 1 & if \quad ci=cj=k \\ 0 & else \end{cases} \tag{4-5}$$

③基本信息表相似度计算方法。鉴于基本信息表结构较为复杂，属于非结构化表格(即表头并非固定分布在第一行/前 n 行或第一列/前 n 列)，难以确定区分科研项目基本信息项和科研人员填写内容，而且科研人员可能会对结构进行微调，如删除一些不需要填写的空行或者增加行、改变行高、单元格宽度等，因此无法直接通过单元格匹配的方式进行相似度计算。针对这一问题，拟采用视觉相似度与单元格内容相似度相结合的方式进行计算，主要包括

表格预处理、视觉相似度计算、单元格内容相似度计算等 3 个环节。

基本信息表预处理环节的任务对原始表格进行处理，将表格切分为若干模块并进行规范化，从而为相似度计算提供支持。首先，只考虑表格中的横线，依据横线长度、位置及是否相邻(对于长度不一的相邻横线，可以将长的横线截断)，将其分割成若干区域，每个区域内横线起点与终点的纵坐标均保持一致。其次，对分割后区域进行逐行分析，若后一行与前一行内的纵线数量一致且每条纵线的横坐标都一致，则将其视为同一模块，否则将其分割为不同模块。再次，若分割后的模块包含多行，则只保留第一行，在删除其他行的同时，需要根据横线特点同时调整关联区域的位置信息。最后，每个区域只保留第一个单元格的内容，其他单元格的内容均清空；调整各区域的行高与单元格宽度，使横向相邻的区域宽度保持一致，每个区域内各单元格的宽度保持一致，表格各行的高度保持一致(涉及纵向单元格合并的除外)。如图 4-11 所示，2008 年度的自然科学基金申请书基本信息表的局部可以分解为 9 个模块，规范化处理后，模块 1 和 2 是纵向合并单元格，模块 3-9 分别包含 8 个、6 个、8 个、2 个、2 个、4 个和 8 个单元格。经过预处理后，科研项目申请书的结构进一步简化了，形成了由若干规范化之后的模块构成的新表格，且每个模块的第一个单元格内容得以保留，使

❶ 申请者信息	姓 ❸ 名		性别	男	出生年月	1963 年 1 月	民 族	满族
	学 ❹ 位	博士	职称	教授	主要研究领域		土壤学	
	电 ❺ 话		电子邮件		. edu. cn			
	传 真		个 人 网 页					
	工 作 ❻ 位	沈阳农业大学						
	在研 ❼ 目批准号							
❷ 依托单位信息	名 ❽ 称	沈阳农业大学				代 码	11016102	
	联 系 人		电子邮件		@163. com			
	电 ❾ 话	024-	网站地址	http://www. syau. edu. cn				

图 4-11　面向相似度计算的申请书表格分割示例

得相似度计算时既可以考虑表格的视觉特征，即表格包含的单元格数量、布局是否一致，也可以考虑表格的部分内容，从而为更为精准进行表格相似度计算奠定数据基础。

完成表格预处理基础上，依次进行视觉相似度与单元格内容相似度计算。视觉相似度计算中，若两张表格的模块数量和各模块的单元格数量完全一致，则两者相似度为 1；单元格内容相似度计算只针对视觉相似度为 1 的表格进行，实现过程中，逐一判断两张表格对应位置单元格的内容相似度，若全部相同，则相似度为 1，否则单元格内容相似度为 0。假设申请书 i 与申请书 j 的基本信息表的视觉相似度为 $s(v_i, v_j)$，单元格内容相似度为 $s(\text{con}_i, \text{con}_j)$，则基本信息表总体相似度 $s(b_i, b_j)$ 的计算方法如公式(4-6)所示。

$$s(bi, bj) = \begin{cases} 1 & if \quad s(vi, vj) = 1 \quad and \quad s(\text{con}i, \text{con}j) = 1 \\ 0 & else \end{cases}$$

$$(4-6)$$

④项目成员表相似度计算方法。若两篇项目申请书中均存在项目成员表且表头完全一致，则两者相似度为 1，否则相似度为 0。据此，假设申请书 i 的项目成员表的表头包含 m_i 个单元格，申请书 j 的项目成员表的表头包含 m_j 个单元格，若单元格取值完全一致的单元数为 k 个，则申请书 i 和 j 的项目成员表相似度 $s(m_i, m_j)$ 计算方法如公式(4-7)所示。

$$s(mi, mj) = \begin{cases} 1 & if \quad mi = mj = k \\ 0 & else \end{cases} \qquad (4-7)$$

(3) 基于统计的封面、基本信息表及成员信息表结构自动解析

实现同类型科研项目申请书识别基础上，需要明确封面、基本信息表及成员信息表中哪些属于元数据项信息、哪些属于取值信息及两类对象的关联关系，从而为标注规则的生成提供支持。在此环节，首先需要统计各不同模板对应的申请书数量，若数量过少，则可能因为样本不足，导致结构解析结果出现偏差，因而需要再进行样本数据的补充；若数量过多，则可以随机抽取部分申请书进行自动学习，以提升处理效率。

①封面结构自动解析。出现在申请书封面上的基本信息，常常与基本信息的名称同时出现，且位于基本信息项的右侧。基于此，可以对切分后的各个单元进行从左至右的匹配，如果整行信息可以全部匹配上，则说明该行并非项目的基本信息栏；否则，以最长匹配字符串作为基本信息项名称，并将剩余信息视为基本信息项的取值。

②基本信息表结构自动解析。基本信息表中，元数据项的分布较为分散，可能分布在各个区域，但其符合同一模板的元数据项取值一致的要求。因此，可以首先对符合该模板的申请书进行统计，将取值一致的单元格视为元数据项，其他单元格视为元数据的取值。其次，建立各元数据项单元格与取值单元格的关联关系。通过调研分析，元数据项单元格与取值单元格遵循先右后下的规则，即右侧无取值后再从下侧单元格查找取值，具体的关系类型主要包括4种，如表4-2所示。基于元数据项类单元格与取值单元格的位置分布，可以自动建立两类单元格的关联关系，如 L_3 类关系，若元数据项 C 的右侧单元格为元数据项，则从其下侧相邻单元格查找取值，若下侧单元格为非元数据项，则下侧的单元格为元数据项 C 的取值。

③成员信息表结构自动解析。鉴于成员信息表的表头均为行表头，因此可以将各申请书中取值一致的单元格视为表头，其他单元格视为表体；进而根据行表头与列表头的判断结果，可以进一步建立元数据项与取值的一对多映射关系。

（4）科研项目基本信息标注规则生成

在科研项目申请书封面、基本信息表与成员信息表结构解析基础上，从中筛选出需要语义标注的对象并明确其所对应的基本信息项名称，进而形成细粒度语义标注规则。在此过程中，首先可以采用词表匹配的方式，将申请书封面、基本信息表与成员信息表中的元数据项分为需要标注、无需标注和待确定3类，对于需要标注的直接建立标注规则即可；对于待确定的，则需要提交人工审核，确定是否属于应标注的对象及其对应的规范名称，并在此基础上同步

85

表 4-2 表格中元数据项与取值单元格的位置关系

关系名称	关系类型	说明	示例	元数据项与取值的关系
L_0	横向单值	元数据项位于取值的左侧，且元数据项右侧一个单元格为取值	元数据项 A ／ 值 a；元数据项 ／ 值	元数据项右侧的第一个单元格为非元数据项
L_1	横向多值	元数据项位于取值的左侧，且元数据项右侧相邻的连续多个单元格为取值	元数据项 B ／ 值 b1 ／ … ／ 值 bn；元数据项 ／ 值 ／ … ／ 值	元数据项右侧相邻的连续多个数据项为非元数据项
L_3	纵向单值	元数据项位于取值的上侧，且元数据项下侧一个单元格为取值	元数据项 C；值 c；元数据项；值	元数据右侧为元数据项，且下侧的第一个单元格为非元数据项
L_4	纵向多值	元数据项位于取值的上侧，且元数据项下侧相邻的连续多个单元格为取值	元数据项 D；值 d1；…；值 dn；元数据项；值；…；值	元数据右侧为元数据项，且下侧的连续多个单元格为非元数据项

更新相应的词表。

4.3.2 基于规则的科研项目基本信息要素语义标注流程

随着时间的推移，科研项目的类型可能会增加、已有类型的科研项目申请书模板也可能发生变更，因此，基于规则的科研项目基本信息要素语义标注在流程上既要支持符合既有模板及规则的申请书处理，也需要支持新模板的自动发现与加工，实现标注规则的增量学习。为适应这一特点，设计了如图 4-12 所示的科研项目申请书基本信息要素语义标注流程。

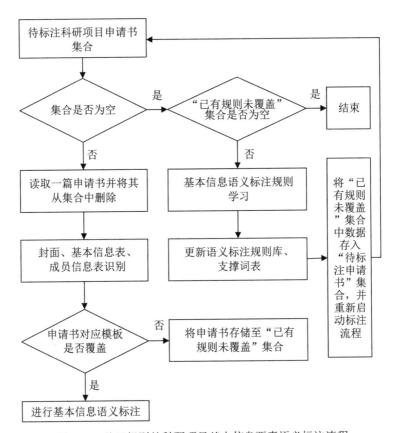

图 4-12 基于规则的科研项目基本信息要素语义标注流程

概括地说，当新增一批待处理的科研项目申请书时，首先对已有模板集和标注规则集覆盖的申请书进行语义标注处理；之后以无法标注的数据为对象，进行新模板集标注规则的学习，并根据学习结果对基本信息表识别支撑词表、成员信息表识别支撑词表进行更新，以便于更好地支持封面、基本信息表及成员信息表的发现；最后，对之前未成功标注的申请书再次进行处理，直至实现全部申请书的语义标注。

具体而言，基于规则的科研项目基本信息要素语义标注流程如下：①若待标注申请书集合非空，则从中读取一条数据并将其从数据集中删除，之后转步骤②；否则，判断"已有规则未覆盖"数据集是否为空，若为空则结束整个流程，反之转步骤⑤；②根据4.3.1中的方法，识别申请书中的封面、基本信息表与成员信息表；③根据4.3.1中的方法，计算该申请书的封面、基本信息表、成员信息表与既有模板的相似度，以判断该申请书的模板是否已经被覆盖；④若模板被覆盖，则根据其所对应规则进行申请书的语义标注，并转步骤①；否则，将申请书存入"已有规则未覆盖"集合；⑤若"已有规则未覆盖"数据集非空，随机抽取一定规模的样本，按照4.3.1的方法进行新语义标注规则的学习；⑥将新学习的规则更新至申请书基本信息语义标注规则库，并同步更新相应的支撑词表；⑦将"已有规则未覆盖"集合中的数据全部存储待标注申请书集合，再次启动项目基本信息语义标注流程。

4.3.3　科研项目基本信息要素语义标注实验

为验证前文所构建的基于规则的科研项目基本信息要素语义标注模型效果，以国家自然科学基金面上项目、国家社会科学基金重点项目、国家哲学社会科学成果文库、国家重点研发计划项目、科技基础资源调查项目5类型项目申请书为对象进行了实验，实验设置及结果说明如下。

（1）实验数据

实验数据中共包含 5 类模板，每类模板对应的数据为 10 份，总共 50 份数据；文件格式上，包括 docx、doc、pdf、纸质文档扫描件四种，占比分别为 22%、28%、30%、20%，如表 4-3 所示。为避免因样本数据过少影响语义标注规则学习效果，实验中以每类模板的 70% 作为训练数据，30% 作为测试数据。

表 4-3 实验数据集构成

表格来源	表格类型数	docx	doc	pdf	纸质文档扫描件	表格总数
国家自然科学基金面上项目	2	3	2	3	2	10
国家社会科学基金重点项目	1	2	3	2	3	10
国家哲学社会科学成果文库	1	3	3	3	1	10
国家重点研发计划项目	1	2	2	4	2	10
科技基础资源调查项目	1	1	4	3	2	10
总计	6	11	14	15	10	50

（2）评价指标

科研项目基本信息要素语义标注任务关注的重点是基本信息要素标注的准确率和召回率，但鉴于各类模板对应的申请书数量不一、不同申请书对应的基本信息数量不一，为减少这一因素的影响，效果评价中首先对每类申请书的标注效果进行计算，之后再对其取均值。

①单篇申请书语义标注评价指标。单篇申请书语义标注效果的计算是总体效果评价的基础和核心。假设申请书 i 中包含的基本信息项有 m 个，算法自动标注出来的基本信息项有 n 个，其中 q 个标注正确，则准确率 p_i 和召回率 r_i 计算方法如公式（4-8）和（4-9）所示。

$$pi = \frac{q}{n} \tag{4-8}$$

$$ri = \frac{q}{m} \tag{4-9}$$

②每类申请书语义标注评价指标。假设某类申请书的样本数据有 s 份，则该类申请书标注的准确率 a_j 和召回率 b_j 计算方法如公式 (4-10) 和 (4-11) 所示。

$$aj = \frac{\sum^{sj=1} pj}{s} \tag{4-10}$$

$$bj = \frac{\sum^{sj=1} rj}{s} \tag{4-11}$$

（3）实验过程

为支撑实验的开展，人工构建了项目类型词表、基本信息项词表，其中项目类型词表涵盖了实验所涉及的全部 5 类项目，基本信息项词表由 4.1.1 节调研所获得的基本信息项名称构成。按照前文所构建的科研项目基本信息要素语义标注规则学习方法进行模板集和语义标注规则集构建，进而对测试数据进行处理。

（4）实验效果及分析

为便于了解实验效果，除了进行总体效果统计外，还针对每一类模板进行了效果统计，如表 4-4 所示。

表 4-4　实验结果

模板	准确率	召回率
1	98.2%	97.7%
2	97.3%	96.5%
3	97.6%	96.3%
4	96.4%	95.6%
5	98.5%	97.5%
总体准确率		总体召回率
97.6%		96.7%

总体来看，模型的效果较为理想，能准确进行各类申请书基本信息的语义标注。通过对中间数据的分析发现，在语义标注规则的学习阶段，模型能够准确地将样本数据分成 5 个模板，并准确实现各模板标注规则的学习，经人工分析未发现偏差；在测试数据处理环节，各测试数据均能够准确定位其所适用的模板并进行基本信息的语义标注。

4.4 基于 BiLSTM-Attention 的功能单元要素语义标注

尽管各类科技项目申请书的正文部分也有相对明确的内容要求，但其属于非格式化文本，而且不同科研人员在文档撰写时有自己的习惯，进而导致科技项目申请书功能单元要素(立项依据、研究目标、研究方案等)语义标注较为困难，无法像基本信息一样采用基于规则的标注方法。鉴于需要标注的功能单元类型明确且数量不多，而且其标注对象为段落，因此拟将其转换为分类问题，采用深度学习技术加以解决。

4.4.1 科研项目申请书功能单元的特点

为支撑语义标注模型的设计，以 50 篇科研项目申请书(涵盖了自然科学基金项目、社会科学基金项目、教育部人文社科基金项目等 3 类) 为样本，对科研项目申请书功能单元的特点进行了分析。

(1)科研项目申请书功能单元存在层级性且集中分布

层级性是指科研项目申请书的功能单元之间可能存在明确的上下位关系，如研究内容属于一级功能单元类目，其下面包含研究对象、研究目标、研究框架、拟解决的关键问题/重点难点等二级功能单元类目。但需要说明的是，并非所有的功能单元都存在上位或下位功能单元，如参考文献功能单元在多数申请书中属于一级功能单元，但并不存在下位功能单元；同时，不同申请书中个别功能单元间的关系有所不同，如自然科学基金申请书中，参考文献功能单元常常是立项依据功能单元的下位类目，但在社会科学基金、教育部人文社科基金等项目申请书中又属于一级类目。

集中分布是指科研项目申请书中，同一功能单元对应的内容往往在物理上集中在一起，即每个功能单元的内容在申请书中是连续分布的。需要指出的是，对于申请金额较大的科研项目，常常要求分子课题进行研究设计，从而导致每个子课题都存在研究框架、拟解决的关键问题、研究思路、研究方法等功能单元，但这并不违背集中分布的特点，只是增加了子课题这一层级。

(2) 科研项目申请书功能单元

科研项目申请书功能单位由标题与文本段落、图像、表格、公式构成。要素构成上，申请书功能单元的构成要素可能包括标题、文本、图像、表格、公式。从样本申请书来看，所有一级和二级功能单元均包含标题和文本，图像、表格、公式则属于可选部分，仅部分功能单元可能包含这些要素，而且包含与否受项目研究内容与申请人的申请书撰写习惯影响。每个功能单元均以标题开始，直至申请书中的下一个标题为止，因此其所包含的各模态要素都是物理上独立完整的单元，包括整段的文本、整幅的图像、整张的表格、整个公式，不存在多个功能单元共享的情况。

(3) 科研项目申请书功能单元标题

标题以序号开头，且可能包含说明文字。与一般文档中的标题不同，样本申请书中各功能单元的标题均以序号开头，而且部分申请书在一级功能单元标题所属段落中同时包含说明问题，以指导科研人员的内容撰写。标题序号的类型包括阿拉伯数字风格序号和汉字风格序号两种，序号中除了阿拉伯数字和汉字外，还可能包含".""、""( )"、空格等辅助性内容。与标题属于同一段落的说明性文字,除了可能通过字体、字号、斜体、加粗等方式与标题进行区分外,与标题间常常具有明确的分割符号,如":""( )""【 】"等。

4.4.2 基于 BiLSTM-Attention 的功能单元要素语义标注模型

自动分类的实现手段包括传统的机器学习算法,如支持向量机(SVM)、随机森林、朴素贝叶斯等,以及近年来流行的深度学习方法。总体来说,传统的文本分类方法大多存在高维、数据稀疏性等问题,效果普遍不太理想;相比之下,基于深度学习的分类方法以其强大的数据拟合能力,能够在训练数据较为充足的前提下取得更好的分类效果,因此,越来越多的研究与实践采用基于深度学习的模型解决文本分类问题。作为深度学习方法的一种,BiLSTM 以序列数据为输入,而文本的词汇序列对其语义具有重要影响,因此该模型非常适合对文本进行建模,在文本分类任务中也得到了广泛应用。然而,尽管其可以较好地捕获文本的全局结构信息,但对关键模式信息不敏感,进而影响分类效果。而 Attention 机制能够捕获到文本中的重要词汇,并赋予较高的权重,帮助机器学习算法抓住文本中的重点,但这一技术本身忽略了词汇的序列信息,导致文本的全文结构信息无法得到较充分的利用。因此,拟将 BiLSTM 与 Attention 机制融合到一起,发挥两种技术方法各自的所长,既充分利用文本的全局结构信息,又能够对体现文本所属分类的词汇予以重点关注,从而改进自动分类的效果。

(1)基于 BiLSTM-Attention 的功能单元要素语义标注模型总体架构

鉴于科研项目申请书正文的结构总体上比较规范,各功能单元一般都以标题作为起始位置,下一个功能单元的标题作为结尾位置,标题间的区分度较为明显,可以帮助确定功能单元的类型;同时,作为功能单元内容的文本、表格、图像、公式自身的区分度不太明显，容易引起误判，因此，在功能单元要素语义标注模型设计中，拟以标题作为标注的主要依据。从自动分类应用实践来看，类目数量越多，自动分类越难以取得理想效果；鉴于研究需要标注的功能单元中，研究对象、研究目标、研究框架、拟解决的关键问题、其他研究内容均是功能单元"研究内容"的下位类目，因此拟采用分阶段的分类方法进行语义标注的实现(如图 4-13 所示)：在实现标题与非标题区分基础上，首先进行一级功能单元的分类，之后对研究内容这一功能单元，再进行二级功能单元的分类，从而将单次分类的类目数量都控制在较少范围。

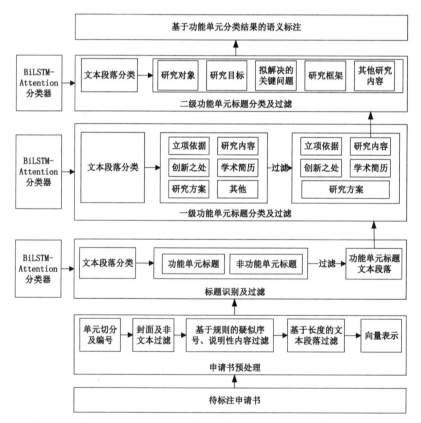

图 4-13　基于 BiLSTM-Attention 的功能单元要素语义标注模型总体架构

①申请书预处理。在实现申请书初步预处理及模态、基本信息语义标注基础上，需要对其进一步进行预处理，为功能单元要素语义标注的实现提供支撑。其一，以文本段落、图像、表格、公式为单位，对申请书进行单元切分，并为每一单元赋予 ID，以确定其原始位置；其二，过滤掉整个封面，以及图像、表格、公式模态的单元模块，只保留文本模态的内容；其三，对文本进行规范化处理，基于规则过滤掉序号、说明性内容，以免对后续的自动分类造成干扰；其四，过滤掉长度过长的文本段落，仅保留疑似标题的文本段落；其五，对保留下来的文本段落进行分词并进行向量化表示，词向量模型的训练可以采用应用较为广泛的 Word2Vec 方法。

序号及说明性内容的过滤规则学习，可以采用机器辅助的半自动化方法进行：第一，根据经验制定少量种子规则；第二，随机抽取规模较大的样本集合，按照已制定规则进行处理，剔除处理后仅包含汉字和英文字母的文本段落；第三，抽取少量包含阿拉伯数字或特殊字符、空格的文本段落，补充完善规则集合；第四，循环进行样本数据的处理和规则集合完善，直至样本数据集为空。

②对文本段落进行分类，识别功能单元标题类文本段落。以向量化后的文本段落作为输入，采用 BiLSTM-Attention 分类器进行分类处理，确认其是否是功能单元标题。这一环节是功能单元语义标注的基础性环节，若功能单元标题类文本段落未被识别出来，其将不会进入下一环节；若文本段落被误判为功能单元标题，则可能在下一环节造成干扰，因此其分类效果将对功能单元语义标注效果产生重要影响。

③一级功能单元分类。尽管申请书中的一级功能单元类型众多，但研究中需要标注的功能单元仅涉及立项依据、研究内容、研究方案、创新之处和学术简历等 5 类，因此在类目体系设置上，可以将除了这 5 类之外的其他功能单元统一分类为"其他"。具体实现上，该环节的输入是向量化后的功能单元标题类文本段落，分类器依然采用 BiLSTM-Attention 模型，目标是将所有的标题分成上述

6类。

④二级功能单元分类。此环节仅需要对分类为"研究内容"功能单元的标题进行处理。鉴于每篇申请书第一个分类为"研究内容"功能单元标题的文本段落都应是一级标题，因此，分类时可以按此规律剔除掉不需要进行二级功能单元分类的标题。在此基础上，采用 BiLSTM-Attention 模型，将功能单元标题进一步分成研究对象、研究目标、研究框架、拟解决的关键问题、其他研究内容等5类。

⑤基于自动分类结果的语义标注。在完成功能单元标题识别及分类基础上，可以按如下规则进行功能单元语义要素的标注：对于立项依据、研究方案、创新之处、学术简历、研究对象、研究目标、研究框架、拟解决的关键问题等8类功能单元要素，以识别为该功能单元的第一个标题为起点，以第一个被识别为其他类型功能单元的标题为终点，将两个标题间的内容全部标注为该功能单元；对于"其他研究内容"这一功能单元要素，需要首先确定第一个被识别为"研究内容"这一级功能单元的标题，以及该标题后面第一个其他一级功能单元的标题，将位于两个标题之间，但又不属于研究对象、研究目标、研究框架、拟解决的关键问题等4类功能单元的内容全部标注为"其他研究内容"。

（2）基于 BiLSTM-Attention 的分类器设计

BiLSTM-Attention 自动分类器从结构上可以分为输入层、BiLSTM 特征提取层、Attention 计算层、分类结果输出层，如图4-14 所示。

①输入层。这是 BiLSTM-Attention 分类模型结构的起始层，其作用是将已经预处理好的申请书正文序列通过词向量形式表示输入到模型之中。

②BiLSTM 特征提取层。BiLSTM 模型是在 LSTM 模型的基础上进行改良形成的，其输出由前向 LSTM 和后向 LSTM 共同决定。对于申请书正文的特征提取而言，除了正向序列会影响文本的语义分

析过程，进而影响分类结果，文本的后向序列也可会对文本分类产生影响。因此在对申请书正文语义信息进行特征提取时，采用 BiLSTM 模型同时捕获上下文的语义特征，以此为依据进行申请书正文功能单元分类。

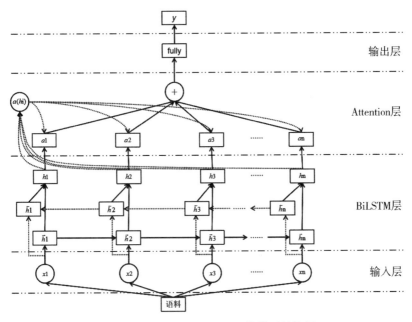

图 4-14　BiLSTM-Attention 网络模型结构图

③Attention 层。Attention 可以模拟人类注意力的特点，申请书正文中不同词汇在分类中的重要性存在明显不同，需要对在分类中起到重要作用的词赋予更高的权重，由此引入词级的注意力机制，对不同词分配不同的权重，以提高分类结果的准确性。该过程的实现方式是：通过保留 BiLSTM 层对输入文本序列处理后的中间结果输出，训练 Attention 层对来自 BiLSTM 层的输出结果进行选择性学习，并在 Attention 层输出时，将输出序列与 BiLSTM 层的中间输出结果进行关联，以突出具有重要作用的信息。计算过程如公式（4-12）至（4-14）。

97

$$e_t = a(h_t) \qquad (4\text{-}12)$$

$$a_t = \frac{\exp(e_t)}{\sum_{i=1}^{T} \exp(e_i)} \qquad (4\text{-}13)$$

$$c_t = \sum_{t=1}^{T} a_t h_t \qquad (4\text{-}14)$$

其中 h_t 为 BiLSTM 层的输出，a 为计算 h_t 梯度重要性的函数，a_t 为 h_t 的注意力权重分布，c_t 为经过 Attention 层处理后的文本序列向量。

④输出层。其任务是将经过 Attention 层处理后的文本序列向量映射到样本标注空间。由于根据资源原文进行分类的任务一般为多分类任务，一般采用 softmax 函数对文本序列在各个分类上的概率进行预测，同时使用交叉熵作为损失函数，反向传播机制对模型中的参数进行更新，最后输出预测分类结果。

4.4.3 功能单元要素语义实验

为验证基于 BiLSTM-Attention 的功能单元要素语义标注模型的效果，自建了申请书数据集进行实验验证，实验设置及效果说明如下。

(1) 数据集构建

借助百度搜索、小木虫社区、经管之家社区等渠道获取了 363 篇科研项目申请书的全文，涵盖了国家自然科学基金、国家社会科学基金、教育部人文社科基金等 3 类基金项目。经剔除封面、表格、图像、公式后，剩余 25083 个文本段落，其中功能单元标题类段落 5876 个，非功能单元标题类段落 19207 个。按前文所述的功能单元标题分类体系，人工对数据进行标注，数据分布如表 4-5 所示。

表 4-5   项目申请书段落文本功能种类数量列表

一级类目	标题数量	二级类目	标题数量
立项依据	—	—	370
研究内容	2250	研究对象	46
		研究目标	1003
		研究框架	45
		拟解决的关键问题	303
		其他研究内容	853
研究方案	303	—	—
创新之处	354	—	—
学术简历	904	—	—
其他	56	—	—

（2）对照实验设置

为便于通过比较衡量模型的效果，研究中设置了两个对照实验：①基于 LSTM 的多阶段语义标注模型，相比于前文所提出的标注模型，其只将分类器由 BiLSTM-Attention 模型调整为 LSTM 模型，以检验所选取分类器是否具有优越性；②基于 BiLSTM-Attention 的单阶段语义标注模型，相比于前文所提出的标注模型，其采用同样的分类器模型，但不采用多阶段的分类方法，不经过是否属于功能单元标题分类、一级功能单元类目分类，直接将所有文本段落分为立项依据、研究对象、研究目标、研究框架、拟解决的关键问题、其他研究内容、研究方案、创新之处、学术简历、其他等 10 类，以检验多阶段分类思路是否具有优越性。

（3）评价指标

从数据分布来看，无论是最终的分类效果，还是中间态的功能单元标题与非功能单元标题、一级功能单元分类，均属于非平衡分类，因此在效果评价时应侧重于研究所关注的具体类目的分类效果。参照自动分类效果评价的常用指标，采用准确率(P)，召回率(R)，以及 F1 作为效果评价指标。以 M 表示正确划分到其实际所属类别的段落文本数，N 代表所有划分到某类别的段落文本数，T 表示属于该类文本的文本数，则准确率、召回率与 F1 指标的计算方法如公式(4-15)至(4-17)所示。

$$P = \frac{M}{T} \tag{4-15}$$

$$R = \frac{M}{N} \tag{4-16}$$

$$F1 = \frac{P \times R \times 2}{P + R} \tag{4-17}$$

（4）实验过程

针对基于 BiLSTM-Attention 的多阶段标注模型、基于 LSTM 的多阶段标注模型，首先以训练数据为基础建立了疑似序号、疑似说明文字过滤规则，包括去除文本段落中的阿拉伯数字、去除文本段落首个特殊标点符号(例如"、.")及其之前的文本内容、去除文本段落中小括号及小括号中的文本内容，以及去除文本段落中括号之后的内容；在完成数据规范化处理基础上，以 30 字符为阈值，将长度较长的文本段落进行了过滤，仅保留疑似功能单元标题类文本段落；针对基于 BiLSTM-Attention 的单阶段标注模型，则在剔除封面、图像、表格、公式基础上，不再对文本段落进行专门处理。训练参数设置上，鉴于实验组与对照组采用的分类模型或基础数据不同，采用同样的参数无法取得最佳实验效果，因此分别针对 3 组实验进行了差异化的参数设置，如表 4-6 所示。

表 4-6　BiLSTM-Attention 部分训练参数设置

参数类型	本研究所提出的标注模型	基于 LSTM 的多阶段标注模型	基于 BiLSTM-Attention 的单阶段标注模型
epoch	100	100	30
batch_size	64	128	64
Hidden_size	128	128	128
Embedding_size	300	300	300
dropout	0.1	0.1	0.1

(5) 实验结果及分析

三组实验最终的功能单元要素语义标注效果如表 4-7 所示，显然，前文所提出的基于 BiLSTM-Attention 的多阶段标注模型在总体上都优于基于 LSTM 的多阶段标注模型和基于 BiLSTM-Attention 的单阶段标注模型，而且多数功能单元的效果提升都比较显著。这说明相较于 LSTM 分类器，选用 BiLSTM-Attention 分类器能更好地拟合科研项目申请书数据的特点，效果更加理想；相较于单阶段分类模型，尽管多阶段分类模型的环节更多，但各环节误差叠加后仍远小于单阶段分类模型，说明相较于标题，各功能单元对应正文段落的内容更加复杂、噪音更大，更不利于 BiLSTM-Attention 分类器运行。

表 4-7　基于不同模型的申请书功能单元要素语义标注效果

功能单元	本研究提出的多阶段标注模型			基于 LSTM 的多阶段标注模型			本研究所提出的标注模型		
	准确率	召回率	F1 值	准确率	召回率	F1 值	准确率	召回率	F1 值
立项依据	93.6%	92.9%	93.2%	90.3%	94.3%	92.2%	93.6%	92.9%	93.2%
研究对象	96.2%	90.9%	93.5%	79.6%	80.3%	80.0%	96.6%	65.9%	78.4%

续表

功能单元	本研究提出的多阶段标注模型			基于 LSTM 的多阶段标注模型			本研究所提出的标注模型		
	准确率	召回率	F1 值	准确率	召回率	F1 值	准确率	召回率	F1 值
研究目标	96.2%	97.0%	96.6%	93.8%	95.5%	94.6%	95.0%	98.0%	96.5%
研究框架	96.2%	84.4%	89.9%	95.6%	96.4%	96.0%	64.4%	49.4%	55.9%
拟解决的关键问题	90.2%	95.3%	92.7%	88.7%	96.4%	92.4%	92.9%	88.3%	90.5%
其他研究内容	94.6%	98.4%	96.5%	95.6%	93.1%	94.3%	91.2%	94.4%	92.8%
研究方案	96.2%	98.4%	97.3%	93.3%	95.4%	94.4%	93.1%	88.3%	90.6%
创新之处	96.6%	98.9%	97.7%	96.6%	93.9%	95.2%	96.6%	88.6%	92.5%
学术简历	93.5%	98.9%	96.1%	93.8%	98.9%	96.3%	90.6%	96.7%	93.6%

进一步地，为厘清基于多阶段分类的语义标注模型出现偏差的具体原因，对功能单元标题与非标题分类、一级功能单元分类的中间数据也进行了统计。

表 4-8 基于不同模型的功能单元标题与非标题分类效果

模型	准确率	召回率	F1 标准
LSTM	97.53%	97.95%	97.74%
BiLSTM-Attention	98.13%	98.87%	98.50%

如表 4-8 所示，尽管相对于 LSTM 模型有一定的效果提升，但利用 BiLSTM-Attention 分类模型进行文本段落是否属于功能单元标题的分类中，仍然会造成一定的误判，未召回和误召回的比例分别为 1.13% 和 1.87%。其中，未召回的如"与本项目相关的工作积累

和已取得的工作成绩""其他附件清单"等标题内容，由于其出现的频次不高，分类模型未对此类的标题内容进行充分训练，因此导致其未被召回为"标题"；"本子课题拟解决的主要问题和重点研究内容，研究思路和研究方法，研究计划和任务分工，研究目标和预期成果""子课题负责人学术简介和学术贡献、相关代表性成果及其主要观点、同行评价和社会影响"等标题内容，由于其标题文本的长度超过 30 个字符，因此导致其未被召回为"标题"；误召回的如"时延测试包括以下主要内容""基本解决了关键方法与技术"等非标题内容，由于其内容包含与被标注为"标题"的文本段落中高频词语，因此被误召回为"标题"。

具体到一级功能单元标题分类，除了表 4-7 展示的立项依据、研究方案、创新之处、学术简历之外，"研究内容"这一类目的准确率、召回率分别为 99.59% 和 99.59%。各个类别也均有一定比例的准确率和召回率损失，从误分类的数据来看，未召回的如"本课题研究的主要内容、研究方法和创新之处""立项依据与研究内容"等，根据其标题内容可被标注为两个及以上的一级功能，因此在进行分类训练时会对模型产生一定的干扰，从而导致其未被召回为其所属一级功能；误召回的如"研究方法的创新""技术路径的创新"等，根据其标题内容，需被标注为"创新之处"，但由于其标题内容中包含其他一级功能标题的高频词，例如"研究方法""技术路径"是"研究方案"所包含的高频词，因此被误召回为"研究方案"。

除 BiLSTM-Attention 分类器的局限性外，受"研究内容"一级类目分类效果的影响，研究对象、研究目标、研究框架、拟解决的关键问题、其他研究内容等 5 个二级功能单元的分类效果进一步降低，导致其在准确率和召回率上的表现均不如立项依据、研究方案、创新之处、学术简历等 4 个一级功能单元。在问题表现上，误分类与未召回数据的特点都与一级功能单元分类的情况类似，不再专门举例说明。

103

5 面向科研项目申请书重复检测的
知识图谱构建

基于知识图谱进行科研项目申请书基础资源组织，有助于实现非结构化基础资源的结构化与语义化，更好地为重复检测的开展提供数据支撑。实现过程中，首先需要立足科研项目申请书重复检测的应用需求进行知识图谱模式设计，其次需要以语义标注后的科研项目申请书为基础进行知识信息的提取、综合外部知识库和规则推理技术进行知识图谱中关联知识的补全，最后需要选择图数据库进行知识图谱数据的存储，以支持其高效存储与查找利用。

5.1 面向科研项目申请书重复检测的知识图谱模式设计

知识图谱的构成要素包括实体、关系、属性和属性值，其中属性是依附于实体的，因此，面向科研项目申请书的知识图谱模式设计的主要工作是确定实体的类型及其属性，以及明确同类实体之间、不同类型实体之间的关系种类，进而为实体、属性、关系的抽取提供指导。

5.1.1 知识图谱中的实体类型

知识图谱构建中，属性(值)与实体间并没有严格的界限，例如人物类实体有国籍这一属性，"中国"则是国籍属性的一个候选取值；但也可以将"中国"视为国家类实体，而将"国籍"视为人物与国家间的关系。因此，知识图谱设计中，将一个节点视为实体或是属性具有较强的灵活性。本研究中，遵循如下原则进行实体与属性的设置：①若一个对象拥有自己的属性或下位对象，则将其作为实体；②同一个对象的下位对象具有相同的类型，即要么都作为实体，要么都作为属性；③其他对象均作为属性处理。以此出发，知识图谱中的实体包括科研人员、机构、科研项目、立项依据、研究对象、研究目标、研究框架、拟解决的关键问题、其他研究内容、研究方案、创新之处、学术简历等 12 类。

(1) 科研人员实体

此处的科研人员是指科研项目的申请人及项目组成员，不包括申请书中的联系人。在科研项目重复检测中，其主要作用表现在两个方面，一是基于科研人员的历史记录确定是否属于重复检测重点关注的对象，并设计针对性的预警机制，二是科研人员间的关联关系确定重复检测时哪些申请书是其可能的重复对象。鉴于科研人员中大量重名人员的存在，为更好地开展重复检测，必然需要进行科研人员的消歧，由此就需要多方面背景信息的支持，所以除了科研人员的姓名外，性别、职称、年龄、身份证号等相关信息都应纳入知识图谱中，也就必须将其作为实体进行处理。

(2) 机构实体

此处的机构指的是科研项目申请人或项目组成员求学、工作的机构，包括高校、科研院所、政府机关、事业单位和企业等。科研项目申请书中，与机构相关的信息包括机构名称、邮编、地址、机构代码等。面向科研项目重复检测的知识图谱构建中，尽管机构的价值在于支持科研人员实体的消歧、关系发现，但也不能仅保留机构名称这一属性，其原因是机构本身也存在歧义问题，需要在其他属性的支持下实现其自身的消歧处理，因此必须将其作为实体进行处理。

(3) 科研项目实体

申请书中的所有信息都直接或间接与科研项目有关联，因此必然需要将其作为实体进行处理。鉴于不同类型项目申请书常常采用不同的模板，甚至同类型项目申请书也会在不同年份采用不同的模板，因此不同申请书对应的科研项目实体间常常具有一定差异，例如之前国家自然科学基金的青年基金项目和面向基金项目采用相同的申请书模板，但现在国家自然科学基金的青年基金项目目前已不再需要填报研究团队信息。

(4) 申请书功能单元类实体

尽管可以将申请书中的各功能单元视为科研项目的属性，但由于各功能单元常常由多个部分构成，每个部分有自己独立的属性，包括在申请书中的位置、模态、内容等，因此将其视为实体更为合适。参考 4.1.1 节的分析，仅选取对重复检测有支撑作用的 9 类功能单元纳入知识图谱中，包括立项依据、研究对象、研究目标、研究框架、拟解决的关键问题、其他研究内容、研究方案、创新之处、学术简历。

5.1.2　知识图谱中的实体属性设计

在确定实体类型基础上，根据 5.1.1 节的分析结果，将科研项目申请书中的其他重要信息都作为属性或关系因素处理，其中关联双方均为实体的视为关系，其他均视为属性。另外，对于申请书的功能单元类属性，由于其是由多段文本或图像、公式、表格构成的，为便于存储，拟以独立的知识单元作为存储单元，故而其除了内容和模态属性外，还拥有位置属性，通过该属性可以定位其在申请书中的原始位置；为避免同名实体的影响，拟针对每类实体都增加全局唯一的 ID 属性。除 ID 属性外，各类实体对应的属性以及属性的说明信息如表 5-1 所示。

表 5-1 知识图谱中的实体属性框架

实体	属性	描述
项目	项目名称	每个项目取值唯一，不同项目之间允许重复
	所属学科	该项目研究内容所归属的最细粒度的学科
	学科代码	项目所属学科对应的代码，具有唯一性
	项目类型	该项目申请的是哪个具体的项目类型，如国家自然科学基金青年科学基金项目，每个项目只能取一个值
	申请时间	项目申请书的提交时间，精确到年份
	关键词	一个项目一般有 3~8 个关键词，彼此之间通过空格或标点符号隔开
科研人员	姓名	短文本字符串，可能是多个语种
	性别	二值属性，取值为男和女
	出生年月	至少精确到月份，最好精确到日期
	民族	主要针对国内的科研人员，具有固定的取值范围，包括汉族、满族、回族等
	手机号	国内手机号为以 1 开头的 11 位数字，国际手机号需要包含地区代码；鉴于手机号码可能会更换，因此允许取多个值
	固定电话	国内固定电话需要包含区号，国际固定电话还需要包含地区代码；鉴于号码可能会更换，因此允许取多个值
	传真	国内传真需要包含区号，国际传真号码还需要包含地区代码；鉴于号码可能会更换，因此允许取多个值
	E-mail	科研人员的电子邮箱地址；鉴于邮箱可能会更换，因此允许取多个值
	学历	项目申请时，科研人员的最高学历
	学位	项目申请时，科研人员的最高学位
	职称	项目申请时，科研人员的职称，可能是职称等级，如中级、副高级；也可能是具体的职称名称，如副教授、助理研究员

续表

实体	属性	描述
科研 人员	职务	项目申请时，科研人员所担任的职务，或担任的历史职务信息，可以取多个值
	研究领域	鉴于科研人员的研究领域可能会发生迁移，也可能同时研究多个领域，因此允许取多个值
	护照编号	具有唯一性
	身份证号	具有唯一性
机构	机构名称	短文本字符串，可能是多个语种
	机构代码	国家赋予机构的统一社会信用代码，具有唯一性
	机构邮编	机构的邮政编码，由 6 位阿拉伯数字构成
	机构地址	机构的详细通信地址
立项 依据	内容	该实体的具体内容，用于说明科研项目的研究背景、研究现状、研究意义等
	位置	该实体在申请书正文中的位置
	模态	该实体是文本，还是图像、表格、公式
研究 对象	内容	该实体的具体内容，用于说明项目所针对的具体对象
	位置	该实体在申请书正文中的位置
	模态	该实体是文本，还是图像、表格、公式
研究 目标	内容	该实体的具体内容，用于说明项目旨在达到的研究目的
	位置	该实体在申请书正文中的位置
	模态	该实体是文本，还是图像、表格、公式
研究 框架	内容	该实体的具体内容，用于说明研究方案设计的基本框架
	位置	该实体在申请书正文中的位置
	模态	该实体是文本，还是图像、表格、公式

续表

实体	属性	描述
拟解决的关键问题	内容	该实体的具体内容，用于说明项目研究时可能遇到的最主要的、最根本的关键性困难及拟采用的解决思路等
	位置	该实体在申请书正文中的位置
	模态	该实体是文本，还是图像、表格、公式
其他研究内容	内容	该实体的具体内容，用于说明除研究对象、模板、框架和拟解决的关键问题之外的研究内容信息，如子课题设置思路、子课题之间的联系
	位置	该实体在申请书正文中的位置
	模态	该实体是文本，还是图像、表格、公式
研究方案	内容	该实体的具体内容，用于说明项目研究开展的思路，打算采用的具体研究方法
	位置	该实体在申请书正文中的位置
	模态	该实体是文本，还是图像、表格、公式
创新之处	内容	该实体的具体内容，用于说明项目可能的创新之处，包括可能取得的新发现、新观点、新见解、新途径和新方法等
	位置	该实体在申请书正文中的位置
	模态	该实体是文本，还是图像、表格、公式
学术简历	内容	该实体的具体内容，用于说明项目负责人或参与人员的学习、研究工作经历等
	位置	该实体在申请书正文中的位置
	模态	该实体是文本，还是图像、表格、公式

5.1.3 知识图谱中的实体间关系类型

以前文梳理的实体类型为范围，逐一分析同类实体之间及跨实体类型间的关联关系，就可以明确知识图谱中涉及的关系类型。为保持知识图谱中实体间关系的简洁性，在关系构建中，将只保留对科研项目重复检测有重要价值且无法通过推理直接得到的关系。只保留实体及关系的关系类型简图如 5-1 所示，包含实体属性及关系的总体框架图如 5-2 所示。

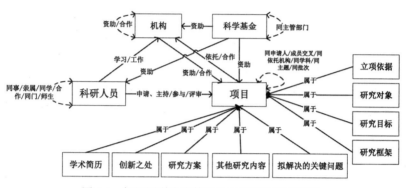

图 5-1　知识图谱中实体性关系类型框架(简图)

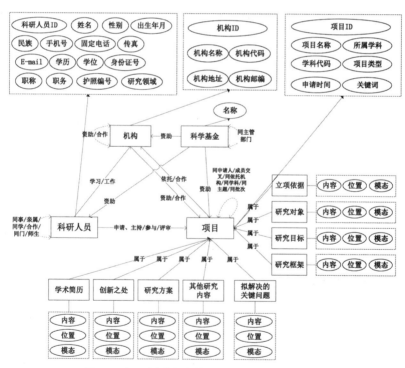

图 5-2　知识图谱中实体性关系类型框架(详图)

（1）同类实体间的关系类型

同类实体之间可能会因为具有相关联的属性而建立关系，这些关系类型非常丰富，但其中只有科研人员实体间的关联关系和项目实体间的关联关系对科研项目申请书重复件检测具有帮助，下面侧重说明重要的关系类型。

第一，科研人员实体间的关系类型。科研人员之间既可能通过科研项目建立关系，也可能通过其他社会活动建立关联，其主要关系类型有以下几种：①同事关系，既包括当前正处于同一个工作单位，也包括曾经共同处于同一个工作单位的情形；②合作关系，既包括两位科研人员同时参与科研项目建立起来的合作关系，也包括共同从事相关研究建立起来的合作关系，如共同发表学术论文；③同学关系，为避免过于泛化同学关系，可以将曾就读于同一个专业且在校时间有交叉的科研人员之间的关系界定为同学关系；④同门关系，如果两名科研人员在攻读硕士或博士学位期间，具有至少一个共同的导师，则将其视为同门关系；⑤师生关系，如果一名科研人员是另一位科研人员的硕士或博士导师，则两人关系为师生关系。显然，两名科研人员之间可能存在多种类型的关系，如科研人员 A 和 B 同年就读于同一所高校，且师从同一个导师，并且在同一个单位工作，则两者存在同学、同门、同事关系，而且很可能存在合作关系。

第二，项目实体间的关系类型。项目实体之间建立起的直接关联，常常是因为两者具有共同的属性特征，如申请人一致等。需要纳入知识图谱的重要关系类型包括：①同申请人，如果两个项目的申请人是同一个科研人员，则两个项目间存在同申请人关系；②成员交叉，如果两个项目的申请人不一致，但至少存在一个科研人员同时参与了两个项目，则两个项目间存在成员交叉关系；③同依托机构，如果两个项目的依托机构一致，则两者存在同依托机构关系；④同学科，如果两个项目的研究内容在学科归属上一致或有交叉，则两者存在同学科关系，为避免同学科关系过于泛化，需要采用二级或三级学科类目作为分析粒度；⑤同主题，如果两个项目的研究主题相同或存在交叉，则两者存在同主题关系。与科研人员间的关系类似，两个项目之间也可能同时存在多种关联关系。

此外，需要说明的是，若仅从实体间的关系类型出发，科研人员、项目实体之间还存在其他多种关系，但部分关系对科研项目重复检测没有帮助，部分关系则难以通过申请书本身获取，如科研人员之间的亲属关系，因此未将其纳入到知识图谱应抽取的关系类型中来。

（2）跨类实体间的关系类型

跨类实体关系的建立实现了不同类型实体的连通，对科研项目重复检测具有重要作用。跨类实体间的关系既可能是单一的，即一旦两类实体建立关系，则只有一种关系；也有可能是多样化的，即跨类的实体间可能存在多种关系。与同类实体间关系分析类似，知识图谱中只存储对科研项目重复检测较为重要的关系类型，对于不太重要或者能够通过推理获得的关系类型，则不纳入进来。具体而言，主要包括科研人员实体与科研项目、机构实体间的关系；科研项目与机构，以及申请书功能单元类实体间的关系；申请书功能单元类实体间的关系等3大类。

第一，科研人员实体与项目、机构实体间的关系。科研人员与科研项目之间的关系主要有以下两种：①申请、主持关系，如果一个科研项目由一个科研人员申报，则两者间存在申请关系；对于历史申报的项目，如果成功立项，则两者间的关系转换为主持关系；②参与关系，如果一个科研人员以非申请人的身份参与了另外一个科研项目，则两者间存在参与关系。科研人员与机构间的关系主要包括学习关系与工作关系。其中，如果科研人员曾经就读或访学于一个学校或科研机构，则两者间存在学习关系；如果科研人员当前或曾经在一个机构工作，则两者间存在工作关系。显然，科研人员与同一个机构可能同时存在学习关系与工作关系。

第二，科研项目与机构，以及立项依据、创新之处等申请书功能单元类实体间的关系。科研项目与机构之间的关系较为多样，包括依托关系、合作关系。其中，如果一个科研项目在申请时以一个单位为依托单位，则两者间存在依托关系；如果一个单位以非依托单位的角色参与一个科研项目的申请、研究，则两者间存在合作关系。科研项目与立项依据、研究对象、研究方案、创新之处等9类项目申请书功能单元类实体间的关系都一样，均是"属于"关系，即这些要素属于该项目。

5.2 基于科研项目申请书的实体知识抽取与融合

知识图谱构建中，为充分发挥科研项目申请书的价值，一方面需要关注面向单篇科研项目申请书的实体知识抽取，另一方面也需要关注抽取知识的融合，即将单篇申请书抽取到的知识融合一起，或者实现新抽取知识与知识图谱中已有知识的融合。

5.2.1 基于语义化科研项目申请书的实体知识抽取

经预处理和细粒度语义标注处理后，得到了语义化形态的科研项目申请书，以此为基础可以较为便捷地进行实体知识的抽取。首先利用申请书中的语义标签实现部分实体知识的初步抽取及包含科研人员相关信息的非结构化文本信息的抽取(如申请人及参与人员的学术简历)，之后再以非结构化文本为基础抽取科研实体相关知识信息，以获得更丰富的知识信息，最后对通过申请书抽取的知识

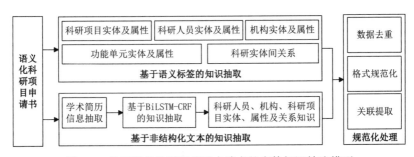

图 5-3 基于语义化科研项目申请书的实体知识抽取模型

113

信息进行规范化处理。根据这一思路,构建如图 5-3 所示的基于语义化科研项目申请书的实体知识抽取模型。

(1)基于语义标签的知识抽取

以申请书中的语义标签为基础,从申请书中抽取出如下信息:①科研项目、科研人员、机构等科研实体的属性信息,包括项目名称、申请人姓名等;②申请书正文功能单元实体,包括立项依据、研究内容、创新之处、研究计划等,以及此类实体的模态属性(包括文本、图像、表格、公式)、原始位置属性信息;③科研实体间的关系信息,如科研人员与科研项目间的申请、参与关系。

(2)基于非结构化文本的知识抽取

此处的非结构化文本专指申请书中的学术简历信息,以其作为基础数据可以实现科研人员、机构、科研项目实体、属性及关系知识的抽取,对基于语义标签的知识抽取形成补充。从科研项目申请书中的非结构学术简历文本中进行实体提取的过程可以视为序列标注问题,即一串文本序列中识别拟抽取知识概念并确定其在文本序列中的起终点,序列标注问题一般采用有监督学习技术进行处理①。

在基于传统机器学习的方法中,隐马尔可夫模型(HMM)②、条件随机场(CRF)③等都是较为常用的方法。其中,CRF 是一种判别式概率图模型,由马尔可夫模型和最大熵模型发展衍生而来,该模型可以根据所给定的条件序列,通过特征函数来对文本中的上下文进行学习,输出预测序列标签的概率分布,是效果相对较好的一

① 陈锋,翟羽佳,王芳. 基于条件随机场的学术期刊中理论的自动识别方法[J]. 图书情报工作,2016,60(2):122-128.

② Jin W, Ho H H, Srihari R K. A novel lexicalized HMm-based learning framework for web opinion mining[C]//Proceedings of the 26th annual international conference on machine learning. Montreal Quebec Canada,2019:465-472.

③ 丁晟春,吴婧婵媛,李霄. 基于 CRFs 和领域本体的中文微博评价对象抽取研究[J]. 中文信息学报,2016,30(4):159-166.

类序列标注方法。然而，基于 CRF 的模型通常依赖于大量的手工特征，在特征缺失的情况下效果会大幅下降①。

随着深度学习技术的发展，因其能够避免手工特征的选取，自动学习特征的关联关系完成复杂的任务，因此也被引入到序列标注任务中，与传统机器学习技术相结合改进算法的性能。常见的结合方式包括 RNN 与 CRF 的结合②、LSTM 与 CRF 的结合③、BiLSTM 与 CRF 的结合④等。其中，LSTM 是 RNN 模型的改进，能在捕获输入序列结构信息的同时，较好地解决梯度消失问题；BiLSTM 是 LSTM 的改进，在继承 LSTM 优势的同时，还可以更好地捕获双向的序列依赖信息，比 LSTM 仅能捕获前向的依赖信息更加精准。

由于 BiLSTM 输出的是预测得分最高的标签，因此其输出的标签序列的顺序可能是无序的；而基于概率图模型的 CRF 能够学习标签之间的转移状态，从而能够确保输出的标签序列是正确的，因此，拟采用 BiLSTM 与 CRF 相结合方法进行实体提取，利用 BiLSTM 对序列文本进行建模，并作为 CRF 模型的输入，之后经 CRF 模型处理后得到最终的输出，模型总体架构如图 5-4 所示。

（1）输入层

BiLSTM-CRF 模型的输入层输入的是以字为单元的文本序列，

① 尉桢楷，程梦，周夏冰，等. 基于类卷积交互式注意力机制的属性抽取研究[J]. 计算机研究与发展，2020，57(11)：2456-2466.

② TOH Z，SU J. NLANGP at SemEval-2016 task 5：improving aspect based sentiment analysis using neural network features[C]// Proceedings of the 10th International Workshop on Semantic Evaluation. San Diego，California，2016：282-288.

③ 胡吉明，郑翔，程齐凯，等. 基于 BiLSTm-CRF 的政府微博舆论观点抽取与焦点呈现[J]. 情报理论与实践，2021，44(1)：174-179，137.

④ Giannakopoulos A，Musat C，Hossmann A，et al. Unsupervised aspect term extraction with B-LSTM & CRF using automatically labelled datasets[C]// Proceedings of the 8th ACL EMNLP Workshop on Computational Approaches to Subjectivity，Sentiment and Social Media Analysis. Copenhagen，Denmark，2017：180-188.

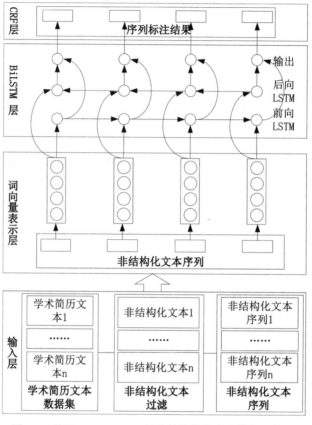

图 5-4　基于 BiLSTM-CRF 的非结构化文本实体知识提取

因此需要进行非结构化文本数据的序列化：调用分词算法或工具对有效数据进行词法分析，并按其在文本片段中的顺序进行序化存储。

　　模型学习阶段，需要输入标注好的语料数据。标注采用 BIO 模式，即采用"B-X""I-X""O"对每个结果进行标注，其中，"B-X"表示该字是 X 这类要素的开头，"I-X"表示该字属于 X 类要素但不是开头，"O"表示不属于要抽取的要素类型。基于前文所构建的知识图谱实体框架，对语料数据进行标注。给定待抽取的实体的对应标签为"entity"，实体属性的对应标签为"feature"，属性值的

对应标签为"value"。以"研究内容"部分信息为例，具体标注示例
如表 5-2 所示。

表 5-2　BIO 标注示例

O	B-entity	I-entity	O	O	B-value	I-value	I-value
本	项	目	通	过	计	算	机
I-value	I-value	O	B-feature	I-feature	I-feature	I-feature	…
模	拟	等	研	究	方	法	…

（2）向量表示层

从输入层中输入的文本序列无法直接被算法识别并进行运算，
需要将文本转化为向量的形式参与接下来的模型运算。传统的词向
量表示方法为独热表示法（one-hot），将语料库中每个词表示为一
个向量，维度为语料库中去重后所有词的数量，词向量只有在对应
位置的维度下为 1，其余均为 0。这种方法不能表示词间的关系，
而且会造成存储开销过大。为解决这一问题拟采用基于词向量
（Word Embedding）的分布式表示方法，将每个词映射到一个较短
的向量空间上。借助深度学习的技术，从语料库中自动提取和学习
数据的特征，利用词语上下文训练词向量，这种词向量训练方法，
不仅考虑了词语的语义信息和语法特征，同时解决了传统词向量维
度灾难和数据稀疏的问题①。实施过程中，拟选择 Word2Vec 作为
工具训练词向量，对输入层传入的文本序列进行词向量表示，并将
文本的词向量序列作为此层的输出，输入到 BiLSTM 层之中。

（3）BiLSTM 层

BiLSTM 采用正反两个方向的 LSTM 对文本的词向量序列进行

---

①　Chen Y，Perozzi B，et al. The expressive power of word embeddings
[C]// Proceedings of the 30th International Conference on Machine Learning.
Atlanta，Georgia，USA，2013：1-8.

建模，前向 LSTM 层可以获得词向量序列的前向隐藏层特征 $\overrightarrow{ht}$，后向 LSTM 层则可以获得词向量序列的后向隐藏层特征 $\overleftarrow{ht}$，将二者叠加组合输出既能获取文本序列中正向的语义信息，也能获取序列中负向的语义信息，捕捉双向的语义依赖。以 Ht 表示当前词的隐藏状态向量，则 BiLSTM 层得到的最终隐藏特征表示如公式(5-1)所示。

$$Ht = [\overrightarrow{ht}, \overleftarrow{ht}] \tag{5-1}$$

(4) CRF 层

CRF 层通过学习 BiLSTM 层输出的序列，选取全局最优的序列作为最终的标注序列预测结果进行输出。对于从 BiLSTM 层输入的序列 $h = \{h_1, h_2, \cdots, h_n\}$，通过 CRF 层训练得到的类别序列为 $y = \{y_1, y_2, \cdots, y_n\}$，对预测的类别序列得分公式计算如公式(5-2)所示。

$$Score(h, y) = \sum_{n, k} \lambda k\, fk(yi - 1, yi, h, i) + \sum_{n, k} uk\, gk(yi, h, i) \tag{5-2}$$

其中，$fk(yi-1, yi, h, i)$ 为输入序列相邻的两个类别 y_i 和 y_{i-1} 上的转移函数，$gk(yi, h, i)$ 表示输入序列在位置 i 的状态函数，λ_k 和 y_h 为特征函数的学习权重。所有可能的类别集合 u_k 下的条件概率 $P(y \mid h)$ 计算如公式(5-3)所示。

$$P(y \mid h) = \frac{e^{Score(h, y)}}{\sum_{y} e^{Score(h, y)}} \tag{5-3}$$

其中，$\sum_{y} e^{Score(h, y)}$ 为归一化因子。

在 CRF 训练过程中，采用最大似然估计方法，优化目标公式如公式(5-4)所示。

$$\log(P(y \mid h)) = Score(h, y) - \log(\sum_{y} e^{Score(h, y)}) \tag{5-4}$$

最后，将得分最高的类别序列作为最终预测结果输出，如公式(5-5)所示。同时，基于模型对非结构化文本中实体的抽取结果，将结果以三元组(实体，实体属性，属性值)的形式进行存储。

$$y = \underset{y \in Yh}{\arg\max}\, Score(h, y) \tag{5-5}$$

（3）规范化处理

规范化处理环节的核心任务包括 3 个方面：①数据去重，同一篇申请书中，部分实体的属性或关系信息出现了多处，如项目名称可能同时出现在封面和基本信息表中，因此需要对其进行去重处理；②数据格式的规范化，包括对电话号码的格式、电子邮箱的格式、日期格式等信息的取值进行规范化处理，使其与知识图谱中属性的要求保持一致；③依据知识抽取结果建立实体与属性、实体与实体间的关联关系，为知识融合与存储提供支撑。

5.2.2 全局视角下科研项目申请书抽取知识的融合

面向科研项目重复检测的知识图谱构建是一个持续过程，为了将从单篇申请书抽取的实体知识更新至知识图谱中，需要进行全局视角下的知识融合。全局视角下，每篇申请书及其所对应的项目都是唯一的，因此对于项目实体及其属性、申请书功能单元类实体及其属性，将其通过节点新增、关系新增的方式更新至知识图谱即可；但是对于科研人员实体和机构实体，可能在知识图谱中已经存在对应的实体，对其更新需要分成两个环节（如图 5-5 所示）：首先利用实体对齐技术判断知识图谱中是否已经存在相应实体；之后区分不同的情况，将新抽取的实体知识更新至知识图谱中。

（1）基于决策树的科研人员实体对齐

面向重复检测的知识图谱构建中，科研人员间几乎不存在一人多名问题，因此实体对齐的任务是判断待处理科研人员与知识图谱中已有同名科研人员是否是同一个实体，如若不是，则将其作为新的实体加入知识图谱中，否则将其关联到已有实体。对于该问题，需要以科研人员的多维特征为基础，采用决策树方法进行实体对齐模型构建，即将同名科研人员的对齐问题转换为分类问题，判断同名的两个科研人员是否是同一个人。

①特征选择。鉴于不同类型科研申请书能抽取到的知识存在差

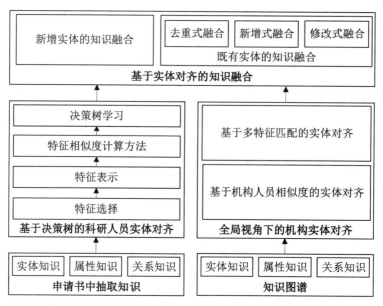

图 5-5　全局视角下科研项目申请书抽取知识的融合流程

异，因此应当尽量全面地将科研人员的属性信息纳入进来，从而使得所构建的决策树模型更具实用性。结合前文的知识图谱模式层设计，应纳入的特征除了科研人员实体的各类属性外，还包括部分从关系转换而来的特征，包括身份证号/护照编号、姓名、性别、出生年月、民族、手机号/固定电话/传真、E-mail、学历、学位、毕业院校、职称、职务、工作单位、科研领域，以及关联科研人员。

②特征表示。将知识图谱中的实体对象和待处理实体对象均表示为向量形式，为便于计算语义相似度，可以将科研领域表示为词嵌入形式，除此之外的其他属性信息均表示为 one-hot 形式。

③特征相似度计算方法。鉴于申请书抽取的属性特征与知识图谱中已涵盖的属性特征可能并不一致，即存在属性取空值的现象，为应对这一情况，应当在相似度计算中予以特殊处理：当至少一方取空值时，两者在该属性上的相似度取值为 null。当取值均非空时，所选择的各项特征中，除科研领域与关联科研人员

外，其他特征均可根据属性取值是否完全一致将相似度判为 0 或 1。对于科研领域属性，假设知识图谱中科研人员 m 的研究领域为 p 个，申请书中抽取的同名科研人员 n 的研究领域为 q 个，科研人员 m 的研究领域 s_{m-i} 与科研人员 n 的研究领域 s_{n-j} 的语义相似度为 $\text{sim}(s_{m-i}, s_{n-j})$，则两者的相似度 $\text{sim}_{sub}(m, n)$ 可通过公式(5-6)进行计算。

$$\text{sim}sub(m, n) = \frac{\sum_{j=1}^{j=q}\sum_{i=i}^{i=p}\max\left(\text{sim}(sm-i, sn-j)\right)}{\min(p, q)} \tag{5-6}$$

对于相关科研人员这一特征，假设两者重复的人名数量为 k 个，则知识图谱中科研人员 m 与申请书中抽取的同名科研人员 n 的相似度 $\text{sim}_{rel}(m, n)$ 可通过公式(5-7)进行计算。

$$\text{sim}rel(m, n) = \begin{cases} 1 & k\ 大于阈值 \\ 0 & else \end{cases} \tag{5-7}$$

④决策树学习。该环节的输入是两个同名科研人员及其各特征的相似度，输出是分类结果 0 和 1，前者表示两位同名科研人员不是同一个实体，后者表示两者是同一个实体。以训练集数据为基础的决策树构建中，鉴于绝大多数属性的取值范围均为 0、1 和 null，因此可以将决策树直接构建为非平衡树，也可以经处理后将其构建为平衡树。在学习方法上，选择 ID3、C4.5、CART 等经典的决策树学习模型均可。

(2) 全局视角下的机构实体对齐

与科研人员实体对齐任务不同，机构实体间异名同义与同名异义问题并存，前者指一个机构可能有多个名称，如全名、简称、别名、曾用名等多个不同的名字。需要说明的是，尽管科研机构的全称一般不会重复，但是其简称、别名等可能会重复，如"华师"这一简称可能同时指华中师范大学、华南师范大学、华东师范大学，因此同名异义类歧义主要是简称、别名的歧义。

机构实体消歧实现中，可以根据待处理机构名称的情况采用不同的方法进行处理。①基于多特征匹配的实体对齐。若申请书中抽

121

取的机构名称能够匹配到知识图谱中机构的全名、曾用名、简称、别名时，其机构代码、地址或邮编数值一致，则认为其指向同一实体；若申请书中抽取的机构名称无法匹配到知识图谱中机构的全名、曾用名、简称或别名，且其机构代码、地址与现有机构均不一致，则可以将其视为新增实体。②基于机构人员相似度的实体对齐。对于其他情况，则需要待同年度申请书全部处理完毕(或处理较大数量)后，再从全局角度进行实体对齐：首先抽取出属于该机构的所有科研人员名单；其次过滤掉知识图谱未覆盖的科研人员姓名；再次，若剩余科研人员中超过一定数量阈值的人员所属机构名称一致，则认为这两个机构名称指向同一实体，并根据原机构名称是否在继续使用及机构名称出现年度信息来判断将哪个名称作为正式名称；否则，将该机构作为新增实体进行处理。

(3)基于实体对齐的知识融合

在完成实体对齐基础上，需要将新抽取的知识与既有知识图谱融合到一起。从最终融合结果看，可以分为去重式融合、新增式融合和修改式融合，其中去重式融合是指新抽取的实体、属性或关系信息与既有的信息相重复，此时只需要对这些知识进行去重处理即可；新增式融合是指新抽取的知识未被既有知识图谱覆盖，将新的实体、属性或关系补充到知识图谱中即可；修改式融合是指因为新抽取的知识，需要对既有知识图谱中的知识进行修改，这类融合主要针对属性和关系知识，具体的处理策略包括改变属性取值、改变两个实体间的关系类型、删除两个实体间的(某条)关系。

①新增实体的知识融合方法。应对实体及其属性、关系知识均采用新增式融合策略。如对于申请书中的项目实体、功能单元实体，均可以直接采取该策略；对于科研人员、机构实体，则需要经对齐确认后再做新增处理。

②知识图谱已覆盖实体的知识融合方法。对于取值相同的属性知识、知识图谱已覆盖的实体间关系，采用去重式策略进行处理；对于知识图谱取值为空的属性，采用新增时融合策略，直接将抽取

的知识作为该属性的取值；对于新抽取的关系类知识，若知识图谱中两个实体当前不存在关联，则采用新增式融合策略；除此之外，可以认为新抽取的科研人员或机构实体知识与知识图谱中的知识可能存在冲突，需要针对具体情况采用差异化的消解策略。

第一，属性知识冲突及消解。所谓属性知识冲突，是指既有知识图谱中某实体该属性的取值非空，且与新抽取的知识中该属性的取值不一致。当出现此类情况时，若对应的是科研人员的性别、出生年月、民族、身份证号、护照编号，以及机构代码属性时，鉴于这些属性都只能取唯一值，可以将最新抽取的属性值作为其取值；若对应的是科研人员的手机号、固定电话、传真、E-mail、学历、学位、职称、职务、研究领域，以及机构的名称、邮编、地址等属性时，鉴于这些属性可以取多个值，或者随着时间的推移可能发生变更，则可以采用新增式融合方式。

第二，关系知识冲突及消解。所谓关系知识冲突，是指新抽取的两个实体间的关系与知识图谱中已存的关系不一致，或者对于新抽取的关系类型，知识图谱中涉事实体已经存在此类关系。对于科研人员实体间的关联关系，与同一个实体发生五类关系的实体都可能不止一个，在两个实体之间，除了师生与同学、同门关系不能共存外，其他实体关系均可以共存；对于项目实体间的关联关系，与同一个实体发生五类关系的实体都可能不止一个，在两个实体之间这五类关系可以共存；科研人员与科研项目之间、科研项目与机构之间都是多对多的关系。冲突消解中，对于非排他关系可以采用新增式融合方法，对于排他性关系，可以选择最新的或最准的作为两者关系类型。

5.3 外部知识库集成与推理相结合的知识图谱补全

受资源和技术水平的制约，仅以科研项目申请书为基础难以构建起实体、属性、关系均覆盖全面的科研知识图谱，尤其是科研人员及机构类实体相关的知识。为解决这一问题，可以采用外部知识库集成与知识推理相结合的方案，一方面通过外部知识库中已经涵盖的知识进行知识图谱的扩充，另一方面通过知识推理实现对属性和关系知识的进一步补全。

5.3.1 基于外部知识库集成的知识图谱补全

为更好地支撑科研资源管理与服务，知识地图、知识图谱等知识库技术在科研资源管理中得到了广泛应用，并已经积累形成了一些科研知识库，如施普林格·自然集团建设的科研图谱 SciGraph、微软公司建设的微软学术图谱 MAG、清华大学依托科技情报服务平台 Aminer 建设的科研知识图谱等。这些科研知识库依托多来源基础数据资源，积累了较为丰富的知识信息，如 SciGraph 中包含了超过 20 亿条事实数据。同时，部分大型科研知识库还免费对外开放，支持通过互联网开放获取。基于此，依托外部知识库进行面向科研项目重复检测的知识图谱补全具备了较好的资源基础和现实可行性。

基于外部知识库集成的知识图谱补全在实施过程中主要包括两个环节，一是开展待集成外部知识库的质量评价与选择，以从规模大小不一、质量参差不齐的外部知识库中选择质量较高、互补性较强的作为集成对象；二是异构外部知识库的集成，以便从外部知识库中选择适当的知识信息，并与知识图谱中的既有知识融合为一个整体。

(1) 外部知识库质量评价与选择

鉴于集成外部知识库的目标是为了实现知识图谱的补全，因此选择集成对象时关注的重点是该知识库与知识图谱当前状态的互补性，即该知识库覆盖的知识信息中有多少是知识图谱未覆盖的；同时，为避免知识库引入后大幅降低知识图谱的质量，还需要在知识库选择中关注其准确性。为此，在外部知识库质量评价中需要重点关注互补性和准确性两个方面。

①互补性评价。从知识库中随机抽取一定量的实体知识、属性知识和关系知识等3类信息，分别分析其是否已经被知识图谱所覆盖，从而得到各类知识信息的覆盖率；在此基础上，可以结合知识库中的知识信息规模，估计引入该外部知识库后能为知识图谱带来多大规模的增量知识信息。

②准确性评价。无论是基于科研项目申请书所构建的知识图谱还是待集成的外部知识库，其所涵盖的知识信息都存在一定的错误率。错误率较高时，会导致知识图谱难以有效解决实际问题。基于此，在进行外部知识库集成时，需要关注其知识信息的准确性，避免对知识图谱造成过大冲击。评价过程中，准确性评价关注的重点是增量知识信息的准确性。故而，外部知识库准确性评价应当在互补性评价基础上进行，以互补性评价抽样数据中知识图谱未涵盖的实体、属性和关系知识为样本，分别对其准确率进行评价，从而为决策提供支撑。

待集成外部知识库选择中，互补性和准确性指标要求缺一不可，前者决定了该知识库的价值上限，后者决定了引入该知识库后可能引发的潜在损失。因此，需要分别设置相应阈值作为选择标准，将同时满足互补性和准确性要求的外部知识库纳入集成范围。

（2）异构外部知识库集成方法

受基础数据和应用场景的影响，各外部知识库中涵盖的实体、属性、关系类型未必适合全部集成到面向科研项目重复检测的知识图谱中，因此，异构外部知识库的集成应从细粒度集成对象确定开始，经过元数据对齐、数据规范化、实体对齐、属性与关系知识融合等4个环节加以实现，流程如图5-6所示。

①细粒度集成对象确定。为实现对知识信息的精准集成，避免无谓地扩大知识图谱的规模，需要从较细粒度上确定集成对象，即综合运用具体的实体类型、属性类型、关系类型进行知识集成范围的确定，慎重增加新的实体类型、属性类型或关系类型。在确定集成对象基础上，需要对外部知识库内容进行精简，删除不必要的实

125

体、属性和关系知识信息。

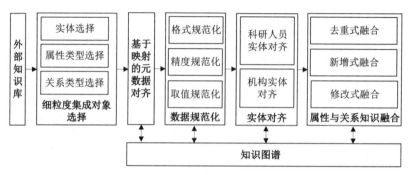

图 5-6　异构外部知识库集成流程

②基于映射的元数据对齐。在确定知识集成范围基础上，首先需要建立元数据层面的映射关系，即明确外部知识库中各元数据项、元数据取值与知识图谱中对应元数据项、取值的映射关系，从知识集成的开展奠定基础。鉴于知识图谱中的实体、属性和关系类型较少，待集成的外部知识库数量一般也不多，因此，为确保映射关系的质量，可以采用人工构建映射规则的方式进行。

③数据规范化。建立映射规则基础上，需要结合外部知识库中各元数据项取值的规则和知识图谱的要求，进行数据的规范化处理，包括取值的直接映射、大小写统一、格式规范化、精度处理等。

④实体对齐。鉴于属性和关系知识都是附着在实体上的，因此外部知识库集成的关键是建立跨知识库的实体对齐，即对外部知识库中的每一个实体，都明确知识图谱中是否有实体与其相对应，若存在对应实体，还需实现精准定位。具体实现方法上，可以采用 5.2.2 节中的科研人员与机构实体对齐方法。完成实体对齐操作后，对于知识图谱中未覆盖的实体，还需要根据集成时的要求，确定对其是进行新增操作还是删除操作。为便于实现后续的属性与关系知识融合，可以先全部实现实体的对齐处理。

⑤属性与关系融合。在实现实体对齐基础上，需要逐个实体获

取外部知识库中与其相关的属性与关系知识，并参考 5.2.2 节中的方法，对其进行去重式融合、新增式融合或修改式融合。

5.3.2　基于推理的知识图谱关系补全

知识图谱构建中，其对实体关系的提取主要是通过对单篇科研项目申请书进行的，然而由于单篇科研项目申请书中所承载的信息较为有限，且有些类型的实体关系并不会直接体现在文本中，因此这种方式具有较强的局限性，会导致实体关系的召回率不高。为解决这一问题，需要采用推理的方式，基于知识图谱中已有的实体属性、关系信息，推测出新的实体关系，从而实现实体关系的补全。

通过对语料数据分析发现，知识图谱中不能通过单篇科研项目申请书抽取的关系包括以下几类：科研人员实体间的同事、同学与同门关系，项目实体间的同申请人、成员交叉、同依托机构、同学科、同主题关系。进一步分析发现，这些关系的发现都可以通过规则推理进行实现。鉴于需要补全的关系类型不多，设计的实体也仅有科研人员与科研项目，因此采用人工方式进行规则的建立。

(1) 科研人员实体间关系推理规则

对不同类型的科研人员实体间关系，需要设计差异化的推理规则，下面分别针对同事关系、同学关系与同门关系进行说明。

①同事关系推理规则。同事关系的判断依据是两位科研人员在同一个时间段内在同一个单位工作，即可以利用科研人员与机构实体间的工作关系进行判断，并需要特别注意该关系时间属性的利用。

②同学关系推理规则。同学关系的判断依据是两位科研人员在同一个时间段内于同一个机构的同一个专业就读，即可以利用科研人员与机构实体间的学习关系进行判断，并需要特别注意该关系时间与专业属性的利用。

③同门关系推理规则。同门关系的判断依据是两位科研人员具有共同的导师，即可以利用科研人员之间的师生关系进行判断，且要求被判断的对象在该关系中是学生身份。

（2）科研项目实体间关系推理规则

科研项目间的关系推理，需要以其属性数值或其他类型的关系为中介进行，具体说明如下。

①同申请人、成员交叉两类关系推理规则。两者均可以通过项目与科研人员之间的申请、参与关系进行判断，即获取科研项目的申请人实体，若两者一致，则存在同申请人关系，若不存在同申请人关系，则获取两个科研项目的所有参与人员（含申请人），若两者之间有重复，则存在成员交叉关系。

②同依托机构关系推理规则。同依托机构关系的判断依据是两个科研项目有共同的依托机构，即可以利用科研项目与机构实体间的依托关系进行判断。

③同学科关系推理规则。同学科关系的判断依据是两个科研项目从内容上属于同一个学科的研究范畴，即可以利用科研项目的所属学科属性进行判断。

④同主题关系推理规则。同主题关系的判断依据是两个科研项目具有共同的主题词，即可以利用科研项目的关键词属性进行判断。

5.4 基于 Neo4j 的知识图谱存储

鉴于面向科研项目重复检测的知识图谱规模较大、节点关系较为复杂，为实现知识图谱的高效应用，需要采用合适的存储方案进行数据的存储与管理。通过对知识图谱存储的各类技术方案的比较分析，拟选择 Neo4j 这一原生图数据库进行知识图谱的数据存储。下面将首先分析选择 Neo4j 数据库作为存储工具的依据，继而阐述基于 Neo4j 的资源知识图谱存储实现过程。

5.4.1 Neo4j 数据库选择依据

在知识图谱的研究与实践中，已经出现了多款可用的数据库系统产品，既包括基于关系的数据库，也包括原生图数据库，但仍未形成具有主导性的数据存储方案。其中，基于关系数据库的代表性存储实现思路包括三元组表、水平表、属性表、垂直划分、六重索引和 DB2RDF 等，基于原生图数据库的包括面向属性图（如 Neo4j）和面向 RDF 图的方案（如 gStore）两种，下面先分别对各类代表性的知识图谱数据存储方案进行概述，进而通过比较分析进行存储方案选择。

（1）三元组表

鉴于知识图谱中的属性、关系知识多数可以表示成三元组的形式，因此可以将知识图谱中的知识用三列进行表示，左列表示实体，中间列表示关系或属性类型，右列表示属性的取值，或者关系涉及的另一实体。该方案的优势在于简单明了，能清晰地表示各类三元组知识；最大的缺陷在于查询时会涉及大量的自连接，进而导致效率低下。

（2）水平表

水平表的存储思路是，每行存储以一个实体为第一个要素的所有三元组信息，即将与其关联的属性、实体全部存储到一行中。显然，水平表实质上是知识图谱的邻接表。因此，与三元组表相比，在查询环节大大简化，仅需单表查询即可完成任务，不用进行连接操作。其不足之处在于，列的规模与知识图谱中去重后的属性及关系类型规模一致，可能导致列数过多超出数据库的限制；每一行中可能都存在大量的空值，影响数据库的性能；难以应对一个属性取多个值或多个实体具有同类型关系的情况；知识图谱更新中可能会增加新的属性、关系类型，继而需要改变表的结构，成本较高。

（3）属性表

此方案是对水平表存储方案的优化，其将三元组中首个要素类别相同的放到一张表中，首个要素类别不同的分别存放，从而可以

129

大幅减少查询中的自连接问题。缺陷在于，对于规模较大的知识图谱，要素类型可能成千上万，使得表的数量超出数据库限制；复杂查询中，也需要进行较多的表连接操作，效率不高；同一个表中，不同要素的属性或关系类型差异可能较大，也可能存在较严重的空值问题；同样难以应对一个属性取多个值或与多个实体具有同类型关系的情况。

（4）垂直划分

此方案以 RDF 三元组的谓语为依据，将其拆分为多张只包含（主语，宾语）的表，即将包含同一个谓语的三元组存储到一张表中。这种模式下，表的数量等于知识图谱中属性与关系类型的总和。其优点在于，一是只存储三元组知识，解决了空值问题；二是一个属性取多个值或与多个实体问题可以通过存储为多行进行解决；三是表连接查询效率较高。其缺点主要表现在以下几个方面，一是知识图谱规模较大时，三元组谓语的数量也会较多，导致表的数量也很庞大；二是如果查询操作中未指定谓语，可能需要连接全部谓语进行查询，导致效率极其低下；三是新增一个新的实体时，可能会涉及多张表的更新，维护成本较高。

（5）六重索引

此方案是对三元组表的优化，采用"空间换时间"策略，将每个 RDF 三元组的 3 个要素按所有可能的顺序进行排列（即 A_3^3，共 6 种排列方式），从而生成 6 张表。通过这种方式可以很好地缓解自连接问题，提升查询效率。其不足之处主要在于，一是花费了 6 倍的存储空间进行数据存储，索引维护、数据更新成本大幅增加，尤其是随着知识图谱规模扩大，问题会更加突出；进行复杂查询时，会产生大量的索引表连接操作。

（6）DB2RDF

此方案是面向 RDF 知识图谱的专门方案，兼具了三元组表、属性表和垂直划分三种方案的部分优点，还克服了部分不足。DB2RDF 将三元组表行上的灵活性扩展到列上，即将谓语和宾语存储在列上，而非绑定列和谓语。有新的数据插入时，此方案通过动态映射将谓语存储到列中，而且能够将相同的谓语映射到同一组列上。

（7）Neo4j 的数据存储机制

属性图数据库 Neo4j 将节点、边、标签和属性分别进行独立存储，每类要素都是定长存储，节点长度为 15B、关系长度 34B、属性长度 41B。存储时，每个节点和边都维护一个指向其邻接节点的直接引用，相当于每个节点都是邻接节点的局部索引。这种索引模式下，进行查询时，不需要基于索引进行全库扫描，而只需根据节点中存储的邻接节点、边、属性的地址进行直接访问，使得算法复杂度从 O(logn)提升到 O(1)，大大提升了图遍历效率。

（8）gStore 数据存储机制

gStore 采用基于图结构的 VS-tree 索引机制，并将 RDF 和 SPARQL 分别表示成图，进而将数据查询转换为子图匹配问题进行解决，也具有较好的性能。数据存储时，gStore 将实体的所有属性和取值映射到二进制位串上；之后利用哈希函数将属性或取值映射为一个整数值，进而将所有位串按照 RDF 图组织成签章树；若实体具有关联关系，则其对应的签章树也通过边相连；通过以上方式对所有节点进行处理后，就成为分成多层的 VS-tree。

通过表 5-1 对各类存储方案优缺点的比较，总体来讲，基于关系的存储方案继承了关系数据库的优势，成熟度较高，在硬件性能和存储容量满足的前提下，通常能够适应百万、千万级及以下的节点和关系三元组规模的管理。基于原生图数据库的存储方案能更好地表达知识间的关联，可以适应亿级以上规模节点和关系的管理，以及应对复杂的处理操作。

表 5-3　知识图谱存储方案的比较①

存储方法		优点	缺点
基于关系数据库的存储策略	三元组表	存储结构简单，语义明确	大量自连接，操作开销巨大
	水平表	知识图谱的邻接表，存储方案简单	①可能超出所允许的表中列数目的上限；②表中可能存在大量空值；③无法表示一对多联系或多值属性；④谓语的增加、修改或删除成本高
	属性表	①克服了三元组表的自连接问题；②解决了水平表中列数目过多的问题	①需建立的关系表数量可能超过上限；②表中可能存在大量空值；③无法表示一对多联系或多值属性
	垂直划分	①解决了空值问题；②解决了多值问题；③能够快速执行不同谓语表的连接查询	①真实知识图谱需维护大量谓语表；②复杂知识图谱查询需执行的表连接操作；③数据更新维护代价大
	六重索引	①每种三元组模式查询均可直接使用对应索引快速查找；②通过不同索引表之间的连接操作直接加速知识图谱上的连接查询	①需要花费 6 倍的存储空间开销和数据更新维护代价；②复杂知识图谱查询会产生大量索引表连接查询操作
	DB2RDF	①既具备了三元组表、属性表和垂直划分方案的部分优点，又克服了部分缺点；②列维度较灵活，为谓语动态分配所在列	真实知识图谱可能存在较多溢出情况

①　王鑫，邹磊，王朝坤，彭鹏，冯志勇. 知识图谱数据管理研究综述[J]. 软件学报，2019，30(7)：2139-2174.

存储方法		优点	缺点
原生图数据库存储策略	Neo4j	①查询性能高；②图形操作界面体验较好；③图谱设计灵活性高	成熟度不如基于关系的方案
	gStore	①基于位串的存储方案；②"VS 树"索引加快查询	①成熟度不如基于关系的方案；②只支持 Linux 环境

2021 年，国家社会科学基金受理的年度项目申报超过 3 万项，教育部人文社会科学基金受理的一般项目申请也超过 3 万项，国家自然科学基金受理的面上项目、青年基金项目、地区科学基金项目、重点项目、杰出青年科学基金项目、优秀青年科学基金项目等超过 27 万项，仅每份申请书相关的实体及属性节点就可能超过 50 个。除了这三个渠道外，还存在大量其他国家部委、地方、国防、非政府机构支持的科学基金；这些数据的接入不但将增加大量的实体和属性节点，也会导致关系规模的急剧上升。因此，面向科研项目重复检测的知识图谱节点及关系数量将非常庞大，存储方案设计中需要能够应对亿级规模节点与关系的处理要求。同时，知识图谱中的部分关系比较复杂，如学习关系是由科研人员、机构、关系类型、发生时间、专业构成的五元组，工作关系是由科研人员、机构、关系类型、发生时间构成的四元组，这种复杂关系的表达难以通过基于关系数据库的存储方案所覆盖。基于此，在存储方案选择中，需要采用基于原生图数据库的存储方案。在众多的原生图数据库管理系统中，Neo4j 是目前流行程度最高的产品。其在 Windows 和 Linux 环境下均能够良好运行，具有查询性能高、图形操作界面易用、图谱设计灵活性高、轻量级、稳定性较强等优点，因此拟选择 Neo4j 作为资源知识图谱的数据库管理系统。

5.4.2 基于 Neo4j 的知识图谱存储实现

与关系型数据库类似，基于 Neo4j 数据库实现面向科研项目重

133

复检测的知识图谱的存储主要包括数据模型设计、数据操作两个方面。

（1）基于属性图的数据模型设计

不同于关系数据库的关系模型，Neo4j 采用属性图作为数据模型，其构成要素包括节点（Nodes）、边（Edges）、属性（Properties）、标签（Label）、路径（Path）等 5 类，如图 5-7 所示。其中，节点用圆表示，对应展示图谱中的实体；边是节点间的有向链接，用于表征实体间的关系，由方向、类型、源节点、目标节点构成；标签指一组拥有相同属性类型的节点，作用相当于 RDF 中的资源类型；路径是一个集合，由节点和边构成，节点通过边以链状形式连接。在要素之间的关系上，节点和边都可以拥有属性，而且常常拥有一个唯一 ID 作为标识；每一个属性只能有 1 个取值，其值要么是原始值，要么是原始值类型的一个数组；节点和边都可以添加标签，其中节点可以有多个标签，边最多只能有 1 个。

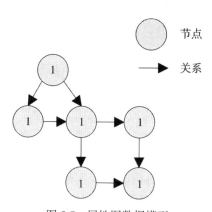

图 5-7　属性图数据模型

面向科研项目重复检测的知识图谱数据库模型设计中，需要结合所构建的知识图谱模式层数据模型，画出属性图。属性图绘制中，需要体现出各类节点及标签、关系类型、不同类型节点及关系的示例，并注明节点与关系的属性列表及各属性的取值示例。

(2)基于 Cypher 的数据操作

Neo4j 数据库以 Cypher 作为数据库标准语言,用于实现对数据库的增删改查操作。其属于声明式(declarative)语言,遵循 SQL 语法规范。Cypher 支持的命令包括 create(用于节点、属性和关系的创建)、match(用于实现数据的检索)、return(用于返回查询结果)、where(用于设置处理条件)、delete(用于实现节点和关系的删除)、remove(用于实现属性的删除)、order by(用于实现查询结果的排序)、set(用于实现标签的添加、更新)、union(将两个结果合并到一起)、limit 和 skip(用于实现返回行数的控制)。Cypher 还支持 string、aggregation 和 relationship 三类函数,其中 string 函数可以实现字母的大小写转换、获取子串、替换子串操作;aggregation 用于实现对查询结果的处理,包括计数、返回最大值、最小值、均值及结果求和;relationship 用于返回关系的源节点、目标节点、ID、关系类型等信息。操作过程中,需要明确需要匹配的图模式,节点相关条件写在小括号"( )"中、边相关的条件写在中括号"[ ]"中、属性信息写在大括号"{ }"中,用冒号":"分开节点(或边)、变量和标签。

在数据导入方面,Neo4j 图数据库主要有如下三种方式:①CREATE 语句,可以通过该语句每次创建一个节点或关系,实现数据的实时插入;②LOAD CSV 语句,该方法可以实现 CSV 文件的本地加载或远程导入,从而批量创建节点和关系;③Import 工具,利用该工具可以在关闭 neo4j 的状态下,实现 CSV 文件的并行导入,自 noe4j 2.2 版本之后 import 成为系统自带工具。在通过 CSV 格式文件导入时,首先需要将需要导入的数据以三元组的形式进行存储,包括(实体,属性,属性值)、(实体,关系,实体)两类。

135

(3)Neo4j 数据库的嵌入式操作

面向科研项目重复检测的知识图谱构建是一个连续过程,需要放到整个实现中去考虑,因此就面临在应用程序中操作数据库的问题。Neo4j 同时支持通过 JAVA 和 Python 语言进行操作。在实现上，Neo4j 提供了两类 Java API 来支持 JAVA 程序中操作数据库，包括 Neo4j 的原生的 Java API 和 Neo4j 的 Cypher 支架的 Java API。而通过 Python 操作 Neo4j 数据库有两种方法，一种是基于 Neo4j 或 Py2neo 模块执行 Cypher 语句，另一种是基于 Py2neo 模块操作 python 变量实现操作数据库的目的。

6 基于知识图谱的科研项目申请书重复检测与预警机制

　　为了实现从海量科研项目申请书中高效、准确地发现待检测申请书的重复线索，需要在申请书层面上采用全面检测与重点检测相结合的实施思路，重点检测针对重复风险较高的申请书进行，即与项目申请人社会距离较近的科研项目的申请书，实现重复线索的敏感发现；全面检测针对基础资源中的其他项目申请书，其目的是避免重要重复线索的遗漏；需要在待检片段层面上采用精准检测的思路，一方面只检测对科研项目重复发现具有帮助的申请书片段，而非申请书全文，另一方面对每个待检片段结合其模态、功能单元特征针对性地选择可能与其发生重复的片段进行检测比较。为提升重复预警的精准性与易理解性，也需要结合重复线索的位置、重复对象特征等进行预警信息的生成。为此，就需要以基础资源和待检测申请书的语义化为前提，一方面抽取每一篇基础资源对应项目、科研人员的基本信息，以及具有重复检测价值的内容片段及其模态、功能单元等特征，形成语义化的基础资源库；另一方面对待检测申请书进行语义化加工，抽取重复检测与预警所需的信息。知识图谱作为资源语义组织的基础工具，能够实现各类实体、属性及关系知识的语义组织，有力支撑科研项目申请书重复检测与预警的需要，由此就提出了基于知识图谱的重复检测与预警机制研究问题。

6.1　科研项目申请书重复检测、预警的目标与流程设计

　　坚持目标导向，有助于设计更为合理的科研项目申请书重复检测、预警流程与技术方案，基于此，首先立足于科研项目管理实践需要，明确重复检测、预警的目标；在此基础上开展基于知识图谱的重复检测、预警流程设计，利用知识图谱结构化、语义化、关联化特点提升重复检测的效率与效果。

6.1.1　科研项目申请书重复检测、预警的目标与要求

　　当前技术水平下，实现科研项目申请书重复识别的全面自动化仍不现实，不但会存在漏检问题，也会存在较多的误判问题。因此，从现实角度出发，科研项目申请书重复检测与预警的目标是，全面、高效、准确地发现科研项目申请书疑似重复的线索，依据对重复发生可能性、严重性的判断，采用适当的形式向科研管理部门发出警告，并为科研管理部门核实重复线索提供必要支持，以提高其核实的效率和准确性。这一目标的确立，对科研项目申请书重复检测与预警机制设计提出了以下几个要求。

　　①重复检测的全面性。此处的全面性除了指需要能够支持各级各类项目申请书的重复检测外，更重要的是指要具备全面发现重复线索的资源基础、支持申请书中各类模态要素的重复检测。具体而言，科研项目申请书重复检测系统需要全面采集基础资源，各级、各类项目申请书都应纳入进来，已立项、未立项申请书也都应纳入进来，并视情况涵盖除项目申请书之外的其他资源；重复检测系统除了需要支持文字内容的重复检测外，还需要支持表格、公式、图像等科研项目申请书中常见内容要素的重复检测，具备全面发现重复线索的技术基础。

　　②重复检测的高效性。我国每年仅国家和地方财政资金支持的

科学基金或科研计划项目受理的申请书至少几十万份，作为比对对象的申请书规模则可能在百万级，因此，为支撑科研项目管理工作的进行，必须要具备较高的重复检测效率。这就要求在重复检测流程及算法设计中，需要注重运行效率的专门设计，将单篇科研项目申请书的重复检测效率提升至秒钟级。

③重复检测的准确性。尽管在当前技术条件下，重复线索发现的全面性与准确性是此消彼长的两个指标，但为提升重复检测系统的实用性，避免无效重复线索过多给科研项目管理带来过大的审核负担，此处的准确性包括两方面的含义：一是系统所发现的线索确实与其他项目(含已立项、申请未立项、申请中的所有项目)申请书的内容存在重复，也即不应将具有一定相似性但又具有实质性差异的申请书片段视为重复线索；二是系统所发现的重复线索对判断科研项目存在重复具有支撑价值，反过来说，对于确实存在内容重复但无益于识别重复项目的申请书片段不应将其视为重复线索。

④重复预警的灵活性。设计预警机制时，需要结合具体情形进行分级分类，形成灵活性强的重复预警机制。一方面，应当区分与申请人或申请团队自身未立项申请书的内容重复以及与已立项项目或非团队成员申请书内容重复两种情形，设计差异化的预警机制；另一方面，需要结合重复线索的多寡、发生位置信息，对可能发生的项目申请书内容重复程度进行分级，并设计差异化的预警机制。

⑤重复检测结果的易用性。为核实科研项目申请书重复线索，需要相关资料的辅助支持，因此，重复检测系统除了需要提供重复可能性的判断外，还需要提供详细、易用的重复审核支持信息，如以重复线索为中心，提供每一条线索所对应的被重复内容及其上下文信息、被重复项目的基本信息等；以被重复对象为中心，提供与每一篇被重复对象相关的所有线索，以及每条线索的上下文信息。

6.1.2　基于知识图谱的重复检测与预警流程设计

遵循文档重复检测的一般流程，科研项目申请书重复检测与预警可以分成基础资源库建设、待检测申请书预处理、重复检测分析、重复预警等4个基本环节。其中，基础资源库建设用于实现各类基础资源的采集、入库与索引组织，为重复检测提供基础数据；待检测申请书预处理则是将用户提交的检测文档进行解析，提取出需要进行重复检测的片段；重复检测分析环节则是以待检测内容片段作为输入，与基础资源库进行比较分析，发现疑似重复的线索，并将其以适当形式进行输出；重复预警环节则是根据待检测申请书的特征和重复线索发现情况，确定重复预警的等级，并生成预警信息。

基于知识图谱的科研项目申请书重复检测与预警，在基本流程上保持不变，但在每个环节的具体实现上需要结合知识图谱的特点进行针对性调整（如图6-1所示）：①资源建设环节，需要对作为基础资源的申请书及其他类型文献进行处理，并构建基础资源知识图谱；之后结合模态特点，对申请书内容片段进行索引，以提升重复检测的效率；②待检测申请书预处理环节，需要对申请书进行语义化处理，识别申请书中的重要信息，生成以单篇申请书为基础的知识图谱，作为重复检测流程的输入；③重复检测分析环节，需要利用知识图谱针对每个待检测片段筛选出需要进行重复检测的候选申请书片段，并结合模态特征采用相应的算法进行重复检测，生成重复检测结果；④重复预警环节，需要结合重复检测结果与知识图谱，生成基于语义的预警信息，更好支撑科研人员的线索核实。

(1)基础资源库构建

面向科研项目重复检测的基础资源库构建，既要实现各类基础资源的全面采集，又要基于科研项目申请书等基础资源构建面向重复检测的知识图谱，还要建立良好的索引机制以提升重复检测的效率。

围绕资源采集，除了需要基于资源共建共享尽可能全面地涵盖各机构、各类型项目申请书之外，还需要在已立项申请书之外，将申请未立项项目的申请书和申请中项目的申请书纳入进来。其原因是，申请未立项项目的申请书也属于抄袭剽窃、重复申请的重要重复对象，而申请中项目的申请书则是多头申请的主要重复对象。

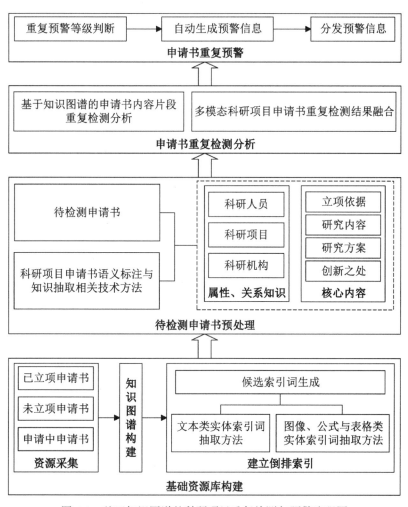

图 6-1 基于知识图谱的科研项目重复检测与预警流程图

　　围绕知识图谱构建，需要采用前文所述的科研项目申请书语义标注、知识抽取、知识融合、图数据库存储等关键技术方法，对所采集的项目申请书进行加工处理。需要指出的是，申请书正文类实体并非将全部正文或整个功能单元的内容作为一个实体，而是将物理上独立的知识单元作为实体：①对于文本、图像、公式类申请书片段，将单个文本段落、单个公式、单张图像视为实体；②对于表格类申请书片段，若存在单元格的内容为公式或图像，则除了将表格整体作为实体外，还需要将每一幅图像、每一个公式都作为独立实体进行存储。

为提升知识图谱查找效率，除了需要按照一般方法针对科研人员、机构、科研项目三类实体及属性进行索引外，还需要针对申请书正文类实体建立倒排索引。此环节的关键是结合文本、图像、公式、表格等不同模态实体的特征，实现索引词的抽取。

①候选索引词生成。科研项目申请书撰写中离不开学术术语的使用，而且内容存在重复的申请书也极少会出现学术术语完全不重复的情形。基于此，可以以学术术语作为申请书正文类实体的索引词，既可以大幅减少索引词的规模，也基本不会带来重复线索的漏检问题。鉴于学术创新发展较快，新术语或术语的新表述层出不穷，依赖成熟的术语词典难免会导致新术语覆盖不足的问题；同时，尽管学术论文的关键词规范性不足，但当收集范围较广、更新较快时，其不但可以较全面地涵盖规范的学术术语，还能够实现对新术语的覆盖。基于此，可以采用如下方法进行候选索引词表构建：第一，选择 CSSCI 源刊、北大核心期刊目录、CSCD 源刊中的期刊作为数据源，采集期刊中各篇论文的作者关键词；第二，在词频统计的基础上设置阈值，将高于阈值的作者关键词作为候选索引词，从而避免候选索引词表规模过大；第三，建立定期更新机制，根据新发表论文的关键词实现候选索引词表的更新。

②文本类实体索引词抽取方法。尽管采用词典匹配的方法也能够收到较好的索引效果，但也可能会因为匹配方式过于机械带来一定的误判。为此，可以首先采用词法分析工具对文本类实体进行分词处理；其次，在分词基础上，结合候选索引词表对分词结果进行拼接，若分词处理后的多个连续的词语拼接后可以组成候选索引词表中的学术术语，则将其合并到一起；当有多种组合结果时，可以按照长度优先的方式进行处理，即优先组合成长度更长的学术术语；最后，根据分词调整后的结果进行索引词的抽取。

③图像、公式与表格类实体索引词抽取方法。这三类实体存在的一个共性问题是，除了图像标题、表格标题外，其自身可能不包

含任何学术术语，从而导致以这三类实体本身为基础进行索引词抽取较为困难。然而，科研项目申请书中，这三类实体也极少单独出现，常常会存在与其对应的文本内容，基于此，可以首先识别出图像、公式、表格对应的文本内容，进而复用这些文本内容的索引词。在关联文本识别中，为降低实现难度，可以以这三类实体为中心进行向前、向后查找：其一，从最近的段落开始，若出现了"如图""如表""如公式"等特征词时，则将视为相关文本段落并停止查找；如果距离为1的文本段落有两个，则均将其视为相关文本段落。其二，对于公式类实体，还可以将公式中的参数作为查找对象，从附近段落中识别相关文本段落。

（2）待检测申请书预处理

为实现基于知识图谱的科研项目申请书重复检测，除了需要将基础资源以知识图谱的形式进行组织外，也需要在检测过程中对待检测申请书进行预处理，使其成为便于检测分析的语义化形态。

实现过程中，需要应用前文所提出的科研项目申请书语义标注与知识抽取相关技术方法，一方面将申请书中与科研人员、科研项目、科研机构相关的属性、关系知识抽取出来，另一方面要将申请书正文中的立项依据、研究内容（含研究目标、研究对象、研究框架、拟解决的关键问题、其他研究内容等5小类）、研究方案、创新之处等4大类、8小类需要进行重复检测的核心内容抽取出来，并将每一段文本、每一幅图像、每一个公式、每一张表格作为一个独立的待检测片段，为后续重复检测的实施提供基础数据支撑。

（3）申请书重复检测分析

143

重复检测分析环节的主要任务有两个，一是针对每一个待检测申请书片段与基础资源库中的海量知识图谱节点进行比对分析，发现内容重复的初步线索；二是以申请书为单位，对所有片段的重复检测分析结果进行融合，得到综合性的重复检测结果。

①基于知识图谱的申请书内容片段重复检测分析。为提升待检测片段与海量知识图谱节点的比对效率，需要首先结合待检测申请

书的申请人与其他项目的社会距离信息、待检测片段与知识图谱中节点的初步相似性判断结果，筛选出需要精细化分析比对的候选知识图谱节点。在此基础上，结合待检测片段的模态信息，选择合适的重复线索识别算法进行处理，识别重复线索，并将重复片段与被重复片段对齐后输出。

②多模态科研项目申请书重复检测结果融合。完成单个片段重复检测分析基础上，还需要从全局出发实现多模态重复检测结果的融合。其一，需要结合各片段的重复检测结果，综合判断哪些位置属于可能发生重复，哪些仅仅是存在个别高相似字句，从而进一步精练、完善各模态数据的重复线索；其二，需要将多模态重复线索采用归一化处理的方法，生成统一的疑似重复度结果，从而便于生成预警模块及科研管理人员进行初步分析研判。

(4) 申请书重复预警

为避免信息过载、提高科研人员对重复检测结果的审核效率，需要实现申请书重复的自动预警。其一，需要以重复检测分析结果为依据，综合疑似重复率、重复线索发生位置、重复线索的确定性、被重复对象的特征等多方面信息，综合判断重复预警的等级。其二，需要按照预设模板进行预警信息自动生成，包括重复预警概要信息、重复线索详情信息，前者供科研管理人员概览申请书的重复检测结果，初步判断是否有追查、核实的必要；后者用于详细展示各重复线索，包括申请书中的哪个片段疑似重复、被重复申请书的基本信息及对应片段内容等，从而帮助科研管理人员及专家进行重复线索的核实。其三，需要按照预先设定的预警信息管理策略，进行预警信息的分发，确保相关人员能够及时收到预警信息。

6.2 基于知识图谱的重复检测候选节点筛选

候选比对节点筛选是提升重复检测效率的重要一环，通过这一环节过滤掉基础资源知识图谱的绝大多数节点，只保留少量高重复可能性的节点进行精细化重复检测分析。下面首先分析重复检测候选节点筛选的影响因素，在此基础上设计基于知识图谱的重复检测候选节点筛选模型。

6.2.1　重复检测节点筛选的影响因素分析

面向科研项目申请书重复检测的基础资源知识图谱中，申请书内容类实体的基本属性包括 ID、位置、模态、所属功能单元及内容，显然 ID 和位置两个属性分别用于实现其在全局和所属申请书中的精准定位，与是否成为待检测片段的候选比对节点无关，剩余 3 个因素则从不同侧面体现了该实体的特征，应作为重要因素在重复检测节点筛选中予以考虑。除此之外，前文对科研项目重复情况调研结果表明，被重复对象常常都是申请书通过社交关系较容易获取的项目申请书或距离项目申请时间较近的申请书，基于此，候选节点筛选中应当将该节点与待检测申请书申请人的社会距离、该节点所属项目的申请书提交时间作为影响因素考虑进来。

①模态因素。一方面对表格类检测对象，可能存在多模态共存的情况，即整体上是表格模态，但各个单元格的内容可能是文本、公式、图像，甚至是多种模态的混合；另一方面理论上存在跨模态重复的问题，例如将文本改成表格或图像，因此，跨模态节点作为候选检测片段本身无可非议。但是，从现实情况出发，部分模态间的跨模态重复概率很低，如极少有公式单纯与文本、图像相重复；部分模态间的跨模态重复检测技术还很不成熟，如图像与文本的跨模态重复分析，而且将跨模态节点不加区分地纳入候选节点中，可能会大幅影响重复检测效率，因此，候选重复检测节点筛选中应将模态因素考虑在内。

②所属功能单元。尽管科研人员具有不同的行文习惯与写作风格，但总体上具有一些共性的做法，这就导致申请书正文的每个功能单元或多或少具有自身的特点。以立项依据功能单元为例，其定位是明确项目拟研究的是什么问题、为什么要研究这一问题、从何处入手、如何开展等，从而获得评审专家对项目科学价值与创新性

145

的认可①，实际撰写中常常从研究背景、研究意义、研究现状分析等 3 个方面展开。显然，这部分内容的潜在重复对象主要是其他申请书的立项依据功能单元，而不太可能是其他申请书中的研究目的、研究对象、研究目标、研究框架、拟解决的关键问题、其他研究内容、研究方案以及创新之处等其他 7 类功能单元，哪怕出现了个别字句的表述一致。对于其他几类功能单元也会存在类似的情况，因此在候选重复节点筛选中需要将待检测片段的功能单元属性考虑在内。

③内容因素。显然，内容因素应当是候选重复检测节点筛选中必须要考虑的因素，只有内容上具备一定的相似性才有进一步分析检测的必要。不同于模态与所属功能单元两个属性，内容相似性的取值可以视为连续值，不存在相似与不相似这样泾渭分明的区分，只存在相似程度的区别。因此，该因素应用到候选重复检测节点筛选时，一方面需要有高效的方法进行节点间相似度的粗略判断，避免因过于追求准确的相似度衡量而带来过大的算法效率损失；另一方面需要做好度的合理把握，既不能将阈值设置过高，导致较多的重复线索在这一环节就被过滤掉，也不能将阈值设置过低，导致失去了利用内容因素过滤掉非重复节点的意义。

④与申请人的社会距离。如前所述，受科研项目申请书保密性与敏感性特点的影响，除个人参与申请的科研项目外，科研人员多是依托个人的社交关系获取他人的项目申请书，如同事、同学、朋友等熟人之间才可能共享申请书资源。尽管依据六度分割理论，任意两个科研人员之间可能只需要通过少量几个同行或熟人建立关联，但从社会实践来看，科研人员分享的申请书多是自己所参与项目的申请书，少量是与自己具有直接关联的其他科研人员所参与项目的申请书，也即科研人员之间的社会距离越近，两者所参与项目的申请书越可能被共享。前文所搜集的科研项目重复申请的典型案例也证实了这一观察，重复项目的申请人多于被重复项目的参与

---

①　车成卫. 如何写好科学基金的立项依据和研究方案[J]. 中国科学基金，2017，31(6)：538-541.

人员具有直接关联，或者可以通过一个与双方具有直接关联的科研人员建立关联。因此，候选重复检测节点筛选中，需要将该节点所属项目与申请人的社会距离因素考虑进来，依据社会距离的远近设计差异化的候选节点选择标准，从而尽可能减少重复线索的遗漏。

⑤间隔时间因素。如前所述，出于新颖性角度的考虑，申请人在重复申请或抄袭剽窃时，一般也会选择近些年的项目申请书，如典型案例中被抄袭对象距离抄袭申请书的提交时间不超过 5 年的占比 91%。以此出发，与申请书的社会距离因素类似，候选重复检测节点筛选中，需要将该节点所属项目与待检测申请书的间隔时间距离因素考虑进来，依据间隔时间的长短设计差异化的候选节点选择标准。需要指出的是，科研项目申请书重复检测重点关注待检测对象与既往科研项目的重复情况，因此若基础资源库中存在提交时间晚于待检测申请书的资源时，需要以待检测申请书的提交时间进行候选重复检测节点的过滤。

6.2.2 基于知识图谱的重复检测节点筛选模型

从知识图谱的海量节点中筛选出需要精细化比对分析节点的过程，可以视为知识图谱裁剪的过程，即根据与申请人的社会距离、时间、模态、所属功能单元和内容等 5 个要素进行处理，过滤掉不需要进行精细化比对分析的节点。鉴于与申请人的社会距离、时间这两个因素是以申请书为基础进行判断的，而任一申请书包含了多个正文内容节点，因此，为提升筛选效率，避免针对每个待检测片段与知识图谱中的候选节点都需要单独判断其社会距离。首先利用与申请人的社会距离、间隔时间这两个因素对基础资源知识图谱中的节点进行分组，之后再分别应用模态、所属功能单元和内容因素进一步过滤，最后根据过滤结果作进一步处理，生成针对每一个待检测片段的候选精细化比对分析节点集合，如图 6-2 所示。

147

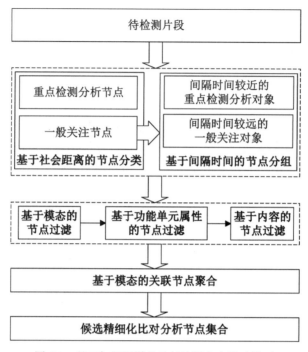

图 6-2 基于知识图谱的重复检测节点筛选模型

(1)基于社会距离的节点分类

无论是申请人自身还是与申请人社会距离较近的其他科研人员，都可能参与申请与待检测项目申请书主题差异较大的项目，如中国科学院曲久辉院士 2012 年主持了国家自然科学基金重点项目"饮用水净化的膜组合工艺优化调控原理"，2015 年主持了国家自然科学基金国际合作与交流重点项目"污水处理厂排放微量污染物共暴露条件下的河流生态效应"，显然两者在内容上直接关联较弱，将前者作为后者重复检测重点比对对象的必要性不强。因此，该因素不能作为候选重复检测节点的过滤条件，而只能作为一个影响因素与内容因素结合使用。

社会网络视角下，两名科研人员的社会距离可以通过其最短路径的途径节点数加 1 来计算，即两名具有直接关联的科研人员的社会距离可以视为 1，需要通过一位科研人员才能建立关联的两名科研人员的社会距离为 2。对单个科研人员来说，社会距离不超过 2 的科研人员数量一般也不会太多，而且申请人与被重复对象的社会距离绝大多数情况下不超过 2，因此，可以直接以 2 作为社会距离阈值进行基础资源知识图谱中节点的分组：若候选检测节点所属项目与待检测项目申请人的社会距离不超过 2，则应属于重点检测分析对象；否则，属于一般关注对象。

鉴于基础资源知识图谱中，待检测项目申请人与项目组成员可能还未建立关联关系，因此，基于社会距离的基础资源知识图谱节点分类应按如下流程进行：①以待检测申请书中抽取的科研人员、科研机构信息为基础，实现申请人及项目参与人员与基础资源知识图谱的实体对齐；②获取与项目申请人社会距离不超过 2 的所有科研人员节点信息；③鉴于部分项目组成员与申请人可能在知识图谱中并未建立关联，因此需要获取与项目组成员社会距离为 1 的所有科研人员节点信息；④将步骤②与③获取的科研人员节点进行去重；⑤获取申请人、项目组成员及其他社会距离较近的科研人员申请或参与的所有项目节点；⑥对知识图谱中的申请人正文类节点进行分组，将与申请人社会距离较近的项目对应节点分成一组，其他节点分成一组；⑦对知识图谱进行裁剪，删除科研人员及科研机构类节点及其对应的属性、关系。

（2）基于间隔时间的节点分组

与社会距离影响因素类似，基于间隔时间也无法直接实现基础资源知识图谱节点的过滤，也只能与内容因素结合使用。由于与待检测申请书的申请人社会距离较近的科研项目数量不多，再利用间隔时间因素对其进行二次分组的价值不大，因此只针对与申请人社会距离较远的项目进行基于间隔时间的分组。

鉴于待检测项目申请书未必是近期提交的项目申请书，因此不能简单地以距离当前的间隔时间作为节点分组的依据；同时，由于存在多头申报问题，且部分申请书的提交时间并不精确，因此，可以以年度作为间隔时间的计算方式。基于间隔时间的节点分组实现，可以按如下流程进行：①根据待检测申请书中抽取的提交时间为基础，获取申请书提交年度信息；②若待检测申请书的提交年度晚于基础资源中的最新年度，则过滤掉晚于该年度的项目及申请书正文节点，过滤范围包括社会距离较近的项目；③以所设置的间隔时间阈值为基础(参照所采集的典型案例，可以将年度阈值设置为5年)，得到节点划分的年度阈值，即待检测申请书提交年份减去间隔时间阈值；④根据所获得的节点划分年度阈值，以基础资源知识图谱中项目节点的提交时间属性为依据，将其分成两组，一组为间隔时间较近的重点检测分析对象，另一组为间隔时间较远且社会距离较远的一般关注对象；⑤对知识图谱进一步进行裁剪，删除科研项目类节点及其对应的属性、关系。

(3)基于模态的节点过滤

对于特定模态的待检测申请书片段，一般也只需将特定模态的基础资源知识图谱节点作为候选检测对象(如表6-1所示)：①鉴于将图像、公式改写成文本进行重用的成本较高，实践中也较少发生，而且其改动幅度一般很大，当前技术条件也难以检测识别；同时，对于单元格内字数较多的表格，存在表格改写成文本的可能，文本类待检测片段需要将文本模态和表格模态的基础资源知识图谱节点作为候选检测对象；②鉴于文本、表格、公式改绘成图像的成本较高，实践中也较少发生，因此，图像类待检测片段只需将图像模态的基础资源知识图谱节点作为候选检测对象；③与图像类似，其他模态的内容改写成公式的难度较大，发生概率较低，因此，公式类待检测片段也只需将公式模态的基础资源知识图谱节点作为候选检测对象；④表格类待检测片段常常比较复杂，其单元格的内容可能是文本、图像、公式及其混合体，仅以表格模态本身无法实现基础资源知识图谱节点的过滤，需要结合单元格的具体情况进行处理，因此，其应将表格、文本、图像、公式均作为可能的重复检测对象。

表 6-1　各模态待检测申请书片段对应的候选重复检测节点类型

待检测申请书片段的模态	候选重复检测节点模态
文本	文本、表格
图像	图像
公式	公式
表格	表格、文本、图像、公式

　　基于模态的基础资源知识图谱节点过滤，其输入是待检测申请书片段和分组后的基础资源知识图谱，输出是待检测申请书片段和裁剪后的基础资源知识图谱，基本过程如下：①待检测申请书片段模态分析，若其是文本、图像、公式模态的内容片段，直接转步骤②；若是表格模态的对象，转步骤③；②根据待检测片段的模态，对基础资源知识图谱进行裁剪，若为文本模态，则将图像、公式模态的节点裁减掉；若为图像模态，则裁减掉除图像模态之外的其他所有节点；若为公式模态，则裁减掉除公式模态之外的其他所有节点，并结束整个流程；③对表格各个单元格的内容进行模态分析，将其区分为文本、图像、公式、文本+图像、文本+公式、图像+公式、文本+图像+公式等 7 类；④依据表格的模态分析结果，对基础资源知识图谱进行裁剪，除了必须保留表格模态节点外，结合步骤②的裁剪方法对其他模态的节点进行裁剪。

（4）基于功能单元属性的节点过滤

　　与模态因素类似，对于特定功能单元的待检测申请书片段，一般也只需将属于部分功能单元的节点作为基础资源知识图谱候选检测对象（如表 6-2 所示）：①鉴于立项依据类申请书片段基本只能重用其他申请书的立项依据功能单元的内容，因此，此类待检测片段只需将所属功能单元为立项依据的节点作为候选检测对象；②研究对象、研究目标、研究框架、拟解决的关键问题、其他研究内容等 5 类功能单元总体上都属于研究内容这一上位功能单元，因此在内容写作上，几类功能单元之间并非总是存在较为明显的区别，一方面研究框架、其他研究内容两类功能单元的内容可能与其他任意类型的研究内容类功能单元存在重复，另一方面研究对象、研究目标、拟解决的关键问题等 3 类功能单元间则具有较为明显的区别，互相不必作为待检测对象；此外，研究框架、其他研究内容、拟解决的关键问题三类功能单元的内容还可能与创新之处、研究方案的内容存在重复，因此也需要将其作为候选重复检测节点；③研究方案与创新之处两类功能单元间一般具有较明显的区分，重复检测中也互相不必作为候选节点。

表 6-2　不同功能单元的待检测申请书片段对应的候选重复检测节点类型

待检测申请书片段所属功能单元	候选重复检测节点所属功能单元
研究对象	研究对象、研究框架、其他研究内容
研究目标	研究目标、研究框架、其他研究内容
研究框架	研究框架、研究对象、研究目标、拟解决的关键问题、其他研究内容、研究方案、创新之处
拟解决的关键问题	研究框架、研究方案、拟解决的关键问题、其他研究内容、创新之处
其他研究内容	研究框架、研究对象、研究目标、拟解决的关键问题、其他研究内容、研究方案、创新之处
研究方案	研究方案、研究框架、拟解决的关键问题、其他研究内容
创新之处	创新之处、研究框架、拟解决的关键问题、其他研究内容

　　基于功能单元的基础资源知识图谱节点过滤，其输入是待检测申请书片段和基于模态裁剪后的基础资源知识图谱，输出是待检测申请书片段和进一步裁剪后的基础资源知识图谱。在实现过程上较为简单，首先获取待检测片段的功能单元类型，之后以基础资源知

识图谱中各节点的功能单元属性为依据，按照表 6-2 的对应关系进行过滤处理，裁剪掉无须作为精细化比对分析的节点。

（5）基于内容的节点过滤

不同于基于模态与功能单元的基础资源知识图谱节点过滤策略，基于内容的节点过滤需要结合社会距离与间隔时间因素进行，从而实现重复检测比对效率与重复线索发现的全面性的均衡。实现思路上，首先计算待重复检测片段与基础资源知识图谱中申请书正文内容类节点的相似性，之后针对基于社会距离、间隔时间的知识图谱节点不同分组设置差异化的阈值过滤策略，从而实现无须精细化比对分析的节点过滤。

在内容相关性计算方面，可以通过学术术语共现情况进行判断，即待检测片段包含的学术术语与基础资源知识图谱节点的学术术语共现数量越多，两者内容重复的可能性越高，越应该将其视为精细化比对对象，反之若不存在共现的学术术语，则两者也几乎不可能存在内容重复。考虑到同义词的影响，可以采用学术术语的词向量进行相似度计算，将超过阈值的视为同义词进行处理。

在阈值设置方面，基本原则是对于社会距离较近的节点，只要存在重复的可能就需要将其筛选出来；对于社会距离不近但间隔时间较近的，其重复的概率也较高，在阈值设置时需要考虑线索遗漏与检测效率的平衡；对于社会距离较远且间隔时间较久的，其重复的概率较低，阈值可以设置得稍微高一些，在不会大幅影响检测效率的前提下，尽量不遗漏重复线索。基于上述认识，若待检测片段与社会距离较近的知识图谱节点间存在至少一个共现的学术术语时，则将其视为候选检测节点；对于社会距离较远但间隔时间较短的节点，两者共现的学术术语至少应有两个，但待检测片段只包含一个学术术语情况的除外；对于社会距离较远且间隔时间较久的节点，则可以视情况进一步提升共现学术术语的数量要求。

（6）基于模态的关联节点聚合

在依据社会距离、时间、模态、功能单元、内容等 5 类因素进行候选重复检测节点过滤基础上，对于文本和图像类待检测对象，直接将过滤后的节点作为候选重复检测对象即可，对于公式与表格类待检测对象，还需要进行进一步处理，将关联节点聚合到一起作为候选重复检测的对象：①对于公式类待检测对象，为提升重复检测的准确率，除了将公式本身作为检测内容外，还需要将参数说明纳入进来，因此，一方面需要将待检测公式的参数说明提取出来，另一方面也需要根据知识图谱中内容类节点的关联关系，将参数说明相关的节点提取出来一起作为候选检测对象；②对于表格类节点，若表格的单元格内容为公式或图像时，需要进一步按单元格建立待检测片段与候选检测节点的关联关系，即文本类单元格只与表格、文本类节点进行精细化比对分析，图像、公式类单元格分别只与图像、公式类节点进行精细化比对分析。

6.3 多模态科研项目申请书内容片段重复检测与结果融合

基于知识图谱实现重复检测候选节点筛选的基础上，需要调用重复检测引擎对各个待检测片段进行精细化重复检测分析，根据两两匹配的结果发现申请书内容重复的初步线索，在此基础上还需要根据多节点的重复检测结果及申请书所有片段的重复检测结果进行跨模态的融合分析，剔除价值较小的重复线索，并针对每条线索筛选出高可能性的被重复对象，生成重复检测报告。

6.3.1 基于模态的科研项目申请书内容片段重复检测

鉴于跨模态语义理解的技术仍不成熟，待检测片段与候选重复检测节点的比较分析中，必须考虑模态因素。总体来说，不同模态的待检测片段需要采用差异化的重复检测算法，但除文本模态外，其他模态实质上包含了多模态内容，因此，重复检测的实际运行中需要进行多模态重复检测算法的协同。

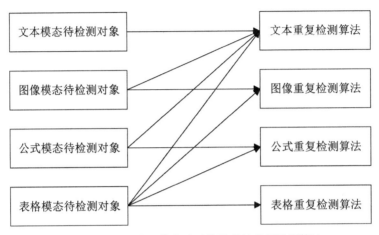

图 6-3　待检测片段模态及可能需要的重复检测算法

①文本模态待检测对象。文本模态待检测对象的重复检测算法调度较为简单，只需要应用文本重复检测算法即可。检测实现中，需要支持多种情况的重复文本识别，主要包括：与被重复对象完全一致的重复情况，这是最为典型也是最易于发现的重复形态；与被重复对象内容一致但文字表述进行了调整的情况，这是申请人为对抗重复检测工具的最常用手段，通过对文字表述方式的简单调整，实现语义不变但与原文在字面上具有较大差异，几乎没有字数较多的连续重复片段；与被重复对象相比，语义上进行了微调的情况，如将原文"艾比湖周边灌丛沙堆发育模式及其在荒漠化监测中的应用……"调整为"塔克拉玛干西部别里库姆沙漠胡杨沙堆发育模式及其在荒漠化监测中的作用……"通过关键词替换的方式实现了语义的微调。

②图像模态待检测对象。科研项目申请书待检测的图像可以分成文本图像与非文本图像，前者指图像中出现了大量的文本内容，并且图像绘制的主要目的是展示文本片段的关联关系，如项目的研究框架图、技术思路图等；后者指图像中不包含任何文本内容，或

155

者尽管包含少量文本但并不以其为主体内容。显然,对于非文本图像的重复检测只能从视觉角度出发,通过视觉特征的相似度判断其是否存在重复;对于文本图像,则除了关注图像的视觉特征外,还需要关注图像中文本的重复情况,以避免视觉特征相似但内容差异显著的误判或者视觉特征不一致但文本内容相似带来的漏判。因此,待检测片段为图像模态的对象时,需要首先判断其是否属于文本图像,进而判断仅需要图像重复检测算法还是需要文本重复检测算法的协同。

③公式模态待检测对象。究其本质,公式是文本字符与数学运算符号的组合,其中数学运算符号用于表征文本字符间的运算规则。公式重复与否,除了需要考虑公式自身的形态特征外,还需要考虑公式中各参数的含义,如形态同样为 $s=a/b$ 的两个公式,当 a、b 两个参数的含义不同时,也不能将其视为存在重复。因此,公式重复检测中,除了需要采用公式重复检测算法外,还需要采用文本重复检测算法对公式中各参数的含义一致性进行判断,从而综合判断公式是否存在重复。

④表格模态待检测对象。若表格单元格的内容包含图像、公式、长度较长的文本时,可以仅根据该单元格的内容本身判断该单元格是否存在重复;但是,当表格中各个单元格的内容较短时,如大量表格的单元格的内容可能只是单个字、词或短语,此时在重复检测中,除了需要考虑单元格内容一致性之外,还需要考虑单元格的位置信息,否则极易带来重复线索误判。基于此,对于表格模态的待检测对象,除了需要应用表格重复检测算法外,常常还需要文本、图像、公式重复检测算法的协同。

6.3.2 全局视角下的科研项目申请书重复检测结果融合

在重复检测环节,仅仅实现了待检测片段与知识图谱中每一个候选重复节点的比较分析,生成的是与单个(组)基础资源知识图谱节点的重复检测结果,但为获得完整、可靠的重复线索,还需要从全局视角出发对重复检测结果进行融合处理,剔除错误的重复线索、精简需要核实的被重复内容、计算多模态条件下的重复率，并在此基础上生成重复检测报告。

（1）全局视角下的重复线索融合

仅依靠与单个（组）基础资源知识图谱节点的重复检测结果，可能会导致重复线索的误判，如申请书中类似"本课题研究框架如图所示"中的表述非常常见，因此若因为待检测节点与某个候选重复节点中同时出现了类似表述，就认为其存在内容重复显然不够合理；同时，待检测申请书中的一个内容片段可能与多个片段重复，如若不加处理的都将其作为待核实的线索，可能会造成管理工作的效率低下。为解决上述问题，需要从全局视角出发对初步获得的重复线索进行融合，剔除不必核实的错误线索，提升重复检测的实用性。

对于所检测出的疑似重复内容，如果其仅与基础资源知识图谱中的单个节点疑似重复，则确实可能发生了重复；但如果其与涉及多位申请人、多篇申请书的节点疑似重复时，其更可能采用了一种通用的表述方式，而非进行了内容的重用。同时，从被重复对象角度来说，申请人在进行内容复用或抄袭剽窃时，会尽可能多地发挥单篇申请书的价值，因此若被重复对象涉及的疑似重复线索之间存在包含关系，则可以进行被重复对象的精简。

根据上述认识，拟采用如下方式进行重复线索的融合：①对于每条疑似重复线索，统计被重复对象的数量，以及所涉及的申请人数量；②以被重复对象为中心，聚合与其疑似重复的所有线索，并统计疑似重复线索的数量；③采用循环的方式对每条重复线索是否需要保留进行处理：若被重复对象数量较少或尽管数量较多，但涉及的申请人数量较少，直接予以保留；反之，获取该条线索对应的所有被重复申请书，若这些申请书相关的疑似重复线索数量均为1，则将该线索删除，否则将其暂时保留下来；④采用循环方式对每篇被重复申请书对应的重复线索进行处理：若该申请书对应的重复线索均为涉及申请人数量较多的线索，则将其从被重复对象中删除；若该申请书对应的重复线索均为其他单篇申请书所涵盖，则将

157

其从被重复对象中删除。

(2)融合多模态要素的科研项目申请书疑似重复率计算

疑似重复率是科研管理人员从宏观上了解一篇申请书存在内容重复风险高低、严重程度的重要依据，但由于重复内容可能是文本、图像、公式或表格，若针对每类模态提供专门的重复率数据不够直观，因此需要进行融合多模态疑似重复线索的重复率计算。实现多模态要素疑似重复率融合计算的关键是采用统一的量纲对其进行统计。鉴于申请书的内容大多非常简练，申请人会慎重考虑图像、公式、表格所占空间的大小，力图使其价值与所占版面空间相符。因此，借鉴出版领域的做法，将图像、公式、表格按其所占版面大小折算成文字，之后再统一进行重复率的计算。

鉴于每篇申请书的字体字号、行间距等信息并不一致，因此不能采用统一的折算率对图像、公式与表格进行处理，而需要结合申请书的具体情况进行处理，具体分成申请书版面分割、文字折算率计算、字数统计、待检测片段的重复字数统计、重复率计算等5个环节，如图6-4所示。

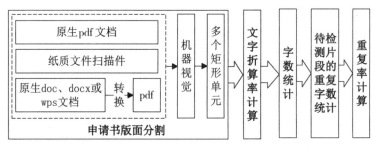

图6-4 融合多模态要素的科研项目申请书疑似重复率计算模型

①申请书版面分割。对于原生 pdf 文档或纸质文件扫描件，鉴于其本身就已经实现了页面的分割，因此直接对每个页面进行分割处理即可；对于原生 doc、docx 或 wps 文档，则需要先将其转换成 pdf，确定每个页面的边界，之后再进行分割处理。在此环节，需

要应用机器视觉技术，将待检测申请书的每一个页面分割成多个矩形单元，每个单元可以是页眉、页脚、页面左右侧的空白区域、文本、图像、表格、公式，并获得每个单元的区域坐标。此外，为便于后续开展重复率计算，对表格类对象，还需要进一步将其按单元格进行切分，并分别统计每个单元格的区域坐标。

②文字折算率计算。鉴于每篇申请书正文部分多采用统一的行间距、段落间距，因此为提高计算效率，可以对不同页面采用统一的折算率。计算中可以选择任一包含多行文本的段落，利用机器视觉确定该段落的行数，进而得到每行文字占据的平均版面面积；选择该段落中非首行、非尾行的任意一行文字，在 OCR 的辅助下计算该行文字的字数；最后，结合每行文字的版面面积和字数，得到文字折算率。

③字数统计。首先根据每幅图像、每个公式、每张表格的区域坐标，计算其所占据的版面面积，并以每行文字的版面面积为单位进行统一转换；鉴于图像、表格一般都有标题，因此应在版面计算结果上增加 1 行；进而结合每行文字的数量，就可以得到单个非文本模态对象所对应的文字数量。对于文本类对象，直接以字数统计结果为准，不必按照版面进行折算。在此基础上，可以求和得到参与重复检测的总字数、各功能单元的字数等信息。此外，为便于后续重复率计算，还需要针对表格的每个单元格的面积，计算其对应的字数。

④待检测片段的重复字数统计。首先需要对待检测片段与所有候选检测节点的比对结果进行融合，对多次重复的片段进行去重处理，生成最终的重复结果；在此基础上，文本类对象直接统计重复字数即可，图像、公式类对象只有重复与不重复之分，仅按照折算结果统计疑似重复的图像、公式所折算的字数即可，对于表格类片段，则需要进一步识别重复的单元格，并获取其对应的字数信息。

⑤重复率计算。在获得重复字数、参与重复检测的总字数等相关信息的基础上，可以按照应用要求进行重复率计算，如总重复率、各功能单元的重复率、各模态对象的重复率、与各被重复对象

的重复率等。

（3）科研项目申请书重复检测报告生成

在重复检测结果融合基础上，可以生成科研项目申请书重复检测报告，向科研管理人员及其他用户提供申请书的重复概况及重复线索详情，为线索核实提供支持。

重复概况信息应包括待检测申请书概况和重复检测结果概况，前者包括申请人、项目名称、申请单位、申请基金、项目类型、申请年度等待检测项目的基本信息，以帮助用户了解检测对象；后者包括总体重复率、各功能单元重复率以及各模态对象的数量及重复数量、重复率等概览信息，以帮助用户快速了解重复检测基本情况。

重复线索详情可以分别从所检测申请书和被重复对象视角分别进行展示，前者以所检测申请书为中心，按顺序展示各重复线索，以便于用户从所检测申请书角度系统了解重复线索；后者按被重复对象进行重复线索的聚合，并将与每个被重复对象相关的线索按顺序进行展示，以便于科研管理人员进行重复线索的核实与甄别。在重复线索分割上，应当以被重复对象与检测对象的最长连续片段为基础进行划分，若多个文本段落，或连续的文本、图像、公式、表格同时存在重复时，可以将其作为一个线索进行展示。同时，为便于重复线索的核实与甄别，除了展示重复与被重复内容外，还应适当进行扩展，展示邻近的上下文信息。

6.4 面向科研管理的科研项目申请书重复预警机制

为便于科研管理的开展，需要在重复检测基础上建立重复预警机制，针对科研项目申请书内容重复发生的可能性及严重程度，对其进行预警等级自动划分，并由系统自动根据检测结果生成、发布预警信息，提醒科研管理人员及时响应处置。

6.4.1 科研项目申请书重复预警等级划分与自动判断策略

科研项目申请书重复治理采用等级预警方式有助于科研管理人员预判重复风险发生的高低及重复严重程度，采取差异化的响应处置方式，提高科研项目管理工作的效率。

参照《突发事件应对法》及预警实践中的典型等级划分方法，科研项目申请书重复预警等级也可以分成一级、二级、三级和四级，分别用红色、橙色、黄色和蓝色标示，一级为最高级别。其中，红色预警指所检测的科研项目申请书几乎肯定存在大面积的不当重复；橙色预警指所检测的科研项目申请书几乎肯定存在局部的不当重复；黄色预警指所检测的科研项目申请书存在局部不当重复的概率较高；蓝色预警指所检测的科研项目申请书可能存在重复，需要根据线索分析核实。

从被重复对象角度来看，科研项目申请书既可能与已立项项目或他人的未立项项目发生重复，也可以与申请人自己的未立项项目发生重复，重复预警中对这两种情况显然应区别对待；从重复内容所属功能单元出发，可以区分为立项依据部分发生重复和研究内容、研究方案、创新之处等核心内容部分发生重复，显然后一种重复的影响更为恶劣；从重复内容分布的连贯性、多寡角度，可以分别区分为连续重复和分散重复，少量重复、较多重复和大面积重复，不同表现之下重复发生的概率、严重程度显然也不同。因此，在预警等级判断中，需要综合考虑被重复对象类型、重复内容所属功能单元、重复内容的分布、重复率高低等 4 类因素，判断标准如表 6-3 所示，涉及阈值的部分可以由科研管理部门结合实践经验进行设置。

161

表6-3　科研项目申请书预警等级及判断标准

预警等级	判断标准
蓝色预警	满足下列情况之一：①立项依据部分与单篇已立项或他人未立项项目申请书疑似重复率较高；②研究内容(含研究对象、研究目标、研究框架、拟解决的关键问题、其他研究内容)或研究方案或创新之处与已立项或他人未立项申请书存在疑似重复线索，但重复率较低
黄色预警	满足下列情况之一：①立项依据部分与单篇已立项或他人未立项项目申请书疑似重复率很高，但其他功能单元重复率较低；②研究内容(含研究对象、研究目标、研究框架、拟解决的关键问题、其他研究内容)或研究方案或创新之处与已立项或他人未立项申请书存在整段文本、整个表格或整个图像的重复，且重复率较高；③申请书与申请人的未立项申请书重复率较高
橙色预警	满足下列情况之一：①立项依据部分与单篇已立项或他人未立项项目申请书完全一致或几乎完全一致，但其他功能单元重复率较低；②申请书的研究框架、拟解决的关键问题、研究方案、创新之处等4个功能单元中，至少一个出现大面积疑似重复；③申请书与申请人的未立项申请书重复率很高
红色预警	满足下列情况之一：①申请书的立项依据、研究内容、研究方案、创新之处均存在大面积、连续疑似重复；②申请书与申请人的未立项申请书完全一致或几乎完全一致

　　按照表6-3所示的标准，在预警等级自动判断可以按照如下流程进行：①按功能单元进行申请书的重复率统计及除立项依据外的总体重复率统计；②识别研究内容、研究方案与创新之处等3类功能单元是否存在整段文本、图像、整张表格的重复；③按重复对象分别统计其总体重复率、各功能单元的重复率，并明确被重复对象是否属于申请书未立项项目的申请书；④结合前3个步骤的统计数据，与预警等级判断标准逐一比较，确认其预警等级，如果低于蓝

色等级的全部标准，则不进行预警。

6.4.2 基于知识图谱的科研项目申请书重复预警信息生成

遵循简洁性、易用性、及时性的基本原则，科研项目申请书重复预警信息应包含以下要素：预警项目基本信息，包括项目名称、申请人、依托单位、申请年度、项目类型等基本信息，以帮助科研管理人员明确涉事项目；预警等级，以便于科研管理人员作出适当响应处置；警示事项，描述申请书疑似重复的所在功能单元、严重程度，以便于进一步预判重复发生的可能性及严重程度；对于黄色及以上等级的预警，还应展示主要被重复对象的基本信息、关联关系、疑似重复位置及严重程度信息，以便于重复线索的跟踪核实；审核专家建议名单，鉴于重复线索的核实与重复与否的判断应当由领域专家完成，为提升响应审核效率，需要向科研管理人员提出建议专家名单。

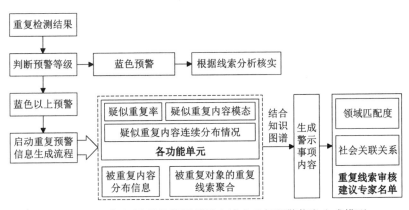

图 6-5 基于知识图谱的科研项目申请书重复预警信息生成模型

在重复预警信息自动生成中，除了需要利用重复检测结果外，也必须以基础资源知识图谱为支撑，如图 6-5 所示。基于知识图谱的科研项目申请书重复预警信息生成方法如下：依据申请书的重复检测结果，若其预警等级达到蓝色以上，则启动基于知识图谱的重复预警信息生成流程；根据各功能单元的疑似重复率、疑似重复内容的模态与连续分布情况，按模板生成相关的警示事项内容，其中，各功能单元的重复情况只有符合黄色及以上预警条件时，才纳入警示事项中，如整体预警等级为橙色预警，当立项依据与已立项或他人未立项申请书的重复率较低时，则不能将其作为警示信息，以免干扰用户的判断，造成不必要的认知负担；根据基于被重复对象的重复线索聚合及被重复内容分布信息，判断是否应将其纳入警示事项中，其标准与步骤相近，只有当该被重复对象所涉及的重复线索符合黄色及以上预警条件时方可纳入；对于纳入警示事项的被重复对象，结合被重复内容与知识图谱，确定被重复对象所属项目的基本信息、与重复申请书申请人的社会关系、疑似被重复内容的功能单元分布及统计概况，进而按照模板生成相应的警示内容。综合领域匹配度、与申请人及项目参与人员的社会关联关系两个因素，从专家库中选择重复线索审核建议专家名单：首先，通过该申请书的关键词、所属学科与专家的专长领域、所属学科判断专家与申请书的领域匹配度，生成带排序的初步建议名单；其次，基于知识图谱获取与申请人、项目参与成员社会距离不超过 2 的科研人员名单，作为该申请书重复线索核实的回避专家名单，以避免人情因素对审核结果造成干扰；最后，依据回避专家名单对初步建议名单进行过滤，并按照领域匹配度，选择 topk 作为建议专家名单；按照预设的预警信息模板，将预警项目基本信息、预警等级信息、警示事项内容及建议审核专家建议名单进行输出，并提交预警信息分发系统。

7 科研项目申请书多模态要素重复检测关键技术

科研项目申请书重复线索的发现，必然需要以各模态信息重复检测算法为基础。鉴于文本、图像、公式、表格 4 类模态信息的特点不同，无法采用统一的重复检测模型进行处理，因此需要结合科研项目申请书的特点进行差异化检测算法的设计。其中，对于文本，拟综合运用预处理技术与机器翻译实现复制型重复与释义型重复线索的全面发现；对于图像，拟采用分组 SIFT 技术进行图像特征提取，实现图像重复检测的高效开展；对于公式，拟结合公式结构信息与参数的语义信息进行重复检测，以实现全面发现重复线索的同时避免带来过多误判；对于表格，拟综合考虑单元格内容信息及其在表格中的位置信息进行重复检测，以提升重复线索识别的准确性。

7.1 基于 BERT-Whitening 与机器翻译的文本重复检测技术

由于科研项目申请书中文本的占比最高，因此，文本重复检测是重复检测中最为关键的重复检测技术。下面将首先分析科研项目申请书文本重复的内涵及典型类型，明确文本重复检测的任务，进而构建基于 BERT-Whitening 与机器翻译的文本重复检测模型，并通过实验验证其效果。

7.1.1 科研项目申请书文本重复检测的任务

概括地说，科研项目申请书文本重复检测的任务是识别申请书中存在重复的文本片段及其所对应的被重复内容。为使该任务定义更明确、更具有可操作性，需要对科研项目申请书文本重复的内涵及其类型进行分析。

从重复部分语义一致性角度来说，科研项目申请书中的内容重复可以分为语义一致和同质替换两种类型的重复。前者是指重复部分与被重复内容在语义层面上完全一致，即要么是因为重复申报、多头申报复用了申请人或团队成员自己的申请书，要么是抄袭剽窃了他人的申请书；后者是指重复部分与被重复部分在语义上有所区别，但区别之处常常采用同质替换造成的，如研究内容、思路、方法基本一致，但将研究对象进行了替换，选择了另一个较为相近的研究对象。

从重复部分的粒度角度来说，科研项目申请书中的内容重复可以分为全篇重复、功能单元重复、段落重复、句子重复、子句重复等 5 个粒度。无论是申请书的内容复用还是抄袭剽窃，重复的内容片段应该是具有独立、完整语义的文本片段，在科研项目申请书中呈现出的应当是以标点符号分割的内容片段。鉴于科研项目申请书中的句子通常较长，以逗号、分号分割的子句经常也能表达较为完整的意思，因此，内容重复的最细粒度可以视为以逗号、分号分割的子句。在此之上，则均是可能发生的粒度，包括多个子句构成的句子、多个句子构成的段落、多个段落构成的功能单元，甚至是整篇申请书。

从重复与被重复内容的文字表述一致性角度出发，科研项目申请书中的内容重复可以分为完全复制、同义替换、重述。其中，对于语义一致类型的重复来说，完全复制是指重复内容与被重复内容的文字表述完全一致；同义替换指重复内容与被重复内容基本一致，仅仅对部分词汇进行了同义词替换；重述是指在保持语义不变的前提下，对被重复内容进行文字重新表述。对于同质替换型重复来说，在不考虑同质替换内容基础上，其他内容分别保持一致、进行同义词替换或重新表述。

对于重述型内容重复，从重述前后的词语及句法结构变化角度出发，可以将其进一步分为用词相同/相似型重复、用词不同但句法结构相同/相似型重复、用词及句型均发生变化的重复等3种类型。用词相同/相似型重述是指，通过调整词序、修改句法结构等简单的方法重述原句，如调整多个并列关系的词语/短语或子句等。用词不同但句法结构相同/相似型重述是指，在保持句法结构基本稳定的前提下，通过增加、删减个别字词、短语，或者进行词语、短语的同义替换等方式对原句进行改写。用词及句型均发生变化的重述是指，尽管重述前后的语义保持不变，但用词、句法结构都发生了较大调整，属于最为隐蔽和难以发现的内容重复。

在基于知识图谱的申请书重复检测中，文本重复检测部分的输入是待检测的文本段落和一组作为比对对象的文本段落。因此，结合科研项目申请书文本重复的类型分析，可以将文本重复检测的任务细化为：对于给定的一个待检测文本段落和一组比较对象，识别其中存在段落、句子或子句粒度的，包括语义一致或仅进行同质替换的重复片段，无论其采用的完全复制、同义替换还是重述的操作方式，并确定重复片段及被重复片段的起始位置。

7.1.2 基于机器翻译与 BERT-Whitening 的文本重复检测模型

围绕科研项目申请书文本重复检测的目标，重复检测中需要以多粒度待检测片段切分结果作为单次检测的输入，并在算法设计上能够同时检测出完全复制、同义改写、重述、同质替换等不同类型的文本重复。当前自然语言处理技术水平下，发现完全复制类型的文本重复相对较为容易，但发现同义改写、重述类型的文本重复则相对困难。围绕该问题，一种应用较为广泛的思路是，将待检测的句子对分别进行向量化语义表示，进而通过计算向量间的相似度来

167

判断是否存在重复，这一思路在当前的研究与实践中应用都较为广泛，但受限于技术水平，判断错误的比例仍然较高。从语言学角度出发，若两个句子的语义相同，则可以将其翻译成其他语言时，可以使用相同的翻译结果，以此出发，文本重复检测时也可以将待检测句子对都翻译成同一种外语，进而通过翻译结果的一致性判断是否存在重复。显然，当前的机器翻译技术也不成熟，仅采用翻译法也难以取得理想效果。基于此，拟采用语义向量相似度计算与机器翻译相结合的思路进行文本重复的检测，首先分别采用两种方法进行句子间的语义相似性计算，进而在融合两者结果的基础上判断是否重复；为更好地进行文本的语义表示，拟引入 BERT 预训练语言模型进行初步向量化表示，并通过 Whitening（白化）技术进一步改进语义表示效果。按照上述所构建的科研项目申请书文本重复检测模型如图 7-1 所示。

（1）文本预处理

该模块的功能定位是将待检测文本段落与作为比较对象的文本段落进行切分，形成不同粒度的文本片段对，作为相似度计算的输入。

①待检测片段生成。为涵盖各种可能的文本重复情况，需要将待检测文本拆分成段落、句群、句子、子句组合、子句等 5 种粒度的待检测片段。其中，句子以句号、问号、感叹号作为分割依据；子句以逗号、分号作为分割依据；句群由位置连续的两个或多个句子组成，以比段落包含的句子数少一个为上限；子句组合以同一个句子内的、位置连续的子句作为组合对象，可以包含两个或多个子句，长度短于所属句子。需要说明的是，待检测片段生成过程汇总，如果子句、子句组合或句子的长度过短，如少于 10 个字符，则应将其剔除，以免造成过多的重复线索误判。

②比较对象文本切分。鉴于标点符号应用的灵活性较强，逗号、分号、句号/问号/感叹号等标点符号的选用存在边界模糊的情况。从不遗漏重复线索的角度出发，将比较对象文本以子句为单元进行切分，作为检测片段对生成的基本组件。在此基础上，按照位

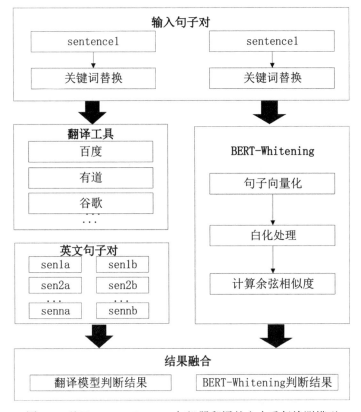

图 7-1 基于 BERT-Whitening 与机器翻译的文本重复检测模型

置相邻且长度超过阈值的原则，生成包含任意子句数量的所有可能组合，作为重复检测文本对的候选对象。

③重复检测文本对生成。针对每一个待检测片段，从比较对象文本切分结果中筛选出长度相近的所有文本片段，并逐一组合成重复检测文本对。

④面向同质替换重复检测的文本对生成。鉴于同质替换类重复片段的语义必然不同，因此，为发现此类文本重复线索，就需要排除掉被替换片段的干扰。显然，此类重复情况下，被替换掉的一定是领域术语，因此，可以在前文所生成的重复检测文本对基础上，依托术语词表替换掉待检测文本片段中出现的所有术语。在此环

节，也需要考虑术语替换对文本长度的影响，将替换后待检测文本长度小于阈值的文本对全部剔除。

（2）基于 BERT-Whitening 的文本相似度计算

BERT 模型自提出以来，在自然语言处理各任务中都有非常优秀的表现。但是通过预训练的语言模型直接得到的句向量，捕捉句子语义的效果往往较差。因此本书拟采用 Bert-Whitening 模型，对原有的向量进行空间变换操作，使表征句向量映射到标准正态分布中，并且去掉各个句向量之间的耦合度，使其符合标准正态分布，能够更好地表征文本语义。

BERT-Whitening 模型首先分为两部分，一部分是利用 BERT 模型将句子向量化表示，另一部分是将得到的向量进行白化操作。

第一部分的 BERT 模型采用多层的 Transformer 结构，如图 7-2 所示。此结构由多头注意力机制提取文本多重语义信息，再由神经网络训练得到输入与输出之间的函数关系。

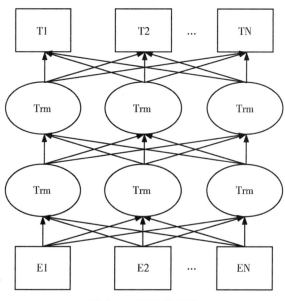

图 7-2　BERT 模型图

Token embedding，Position embedding 和 Segment embedding 这三个向量相加构成 BERT 的输入。其中，Token embedding 表示词向量，首位置加入[cls]标记；Segment embeddings 区分两种句子；Position embeddings 表示通过模型学习得到的位置信息。

BERT 模型中有两个预训练任务：①遮蔽词预测；②下一句预测。遮蔽词预测任务是随机遮蔽句子部分 token，然后根据上下文预测当前状态的 token，通过反复迭代，得到最佳参数，获取了双向信息。为了能够得到语句和语句之间的关系，提出下一句预测任务，在已知当前句子的情况下预测下一个句子，判断两个句子是否为连续语句。因此完成这两个任务训练后得到的向量，可以同时获得上下文信息。

第二部分的向量白化是数据挖掘中的常用操作，实现方法如下：

假设句向量的集合为 $\{xi\}^{Ni=1}$，对其进行线性变换（如公式(7-1)所示），得到结果 $\{\tilde{xi}\}^{Ni=1}$，其均值为 0，协方差矩阵为单位阵，μ 为向量均值。

$$\tilde{xi} = (xi - \mu)W \tag{7-1}$$

权重矩阵 W 的计算如公式(7-2)所示。其中，U 和 $\wedge$ 分别为对协方差矩阵进行 SVD 分解得到的正交矩阵和对角阵。

$$W = U\sqrt{\wedge^{-1}} \tag{7-2}$$

利用 BERT-Whitening 模型将文本向量化表示后，再利用余弦相似度衡量文本的相似性，若余弦值高于设定阈值，则认为两文本相似，若低于设定阈值，则认为两文本不相似。余弦相似度计算公式如(7-3)所示，其中 A、B 分别表示两个句向量，Ai、Bi 分别表示两个句向量的分量。

$$\cos = \frac{\sum^{ni=1}(Ai \times Bi)}{\sqrt{\sum^{ni=1}(Ai)^2} \times \sqrt{\sum^{ni=1}(Bi)^2}} \tag{7-3}$$

(3) 基于机器翻译的文本相似度计算

该模块的功能定位是将待检测文本对分别翻译成同一种语言，

171

并计算翻译结果间的相似度，将其作为待检测文本对的相似度。为获得良好的机器翻译效果，实现过程中需要明确拟翻译的目标语言并选择恰当的翻译工具。

翻译目标语言选择方面，应当优先选择英语作为目标语言。这是因为，当前实践应用中效果最好是基于深度神经网络的翻译模型，该模型的基本特点是训练语料越丰富，翻译效果越理想；同时，包含中文的双语语料中，最为丰富的是中英文语料。

翻译工具选择方面，应当选择针对学术文本的优质翻译工具，或者支持自主训练的优质通用翻译工具。其一，科研项目申请书的文本具有较强的领域特性，与新闻、判决文书、商务文书等具有非常明显的区别，因此，要么选择针对学术文本的专门翻译工具，要么以通用翻译工具为基础，利用双语学术语料将其训练为领域翻译工具。其二，机器翻译的质量显然会影响相似度计算的结果。所选翻译工具应具有较好的性能，一方面其所翻译的结果整体质量较高，语义相同的文本对能翻译出一致性较高的结果，另一方面语义不同但具有一定相似性的文本对，可以翻译出具有显著差异的结果，从而避免因翻译结果带来误判。其三，受训练语料、技术模型等因素的影响，各个机器翻译工具各有所长，具有较好的互补性，如相同语义的中文文本"中国传统文化有哪些"和"中国的传统文化有哪些"，通过谷歌翻译得到的结果是差异较大的两句文本——"What are the traditional Chinese culture"和"Chinese traditional culture"，而有道翻译得到的是完全一致的结果——"What are the traditional Chinese cultures"。基于此，在基于机器翻译的文本相似度计算中，可以选择多家机器翻译工具加入到模型中，通过多源翻译结果的融合取得更理想的效果。

在实现流程上，对于待重复检测的文本对 $X1 = (sen_1, sen_2)$，首先将其作为输入获得所选择的 n 个机器翻译工具的翻译结果 $MT_1 = (sen_{1a}, sen_{1b})$，$MT_2 = (sen_{2a}, sen_{2b})$，$\cdots$，$MT_n = (sen_{na}, sen_{nb})$；其次，将文本片段 sen_1 和 sen_2 的结果分别聚合到一起，形成 $MT_{sen1} = (sen_{1a}, sen_{2a}, \cdots, sen_{na})$ 和 $MT_{sen2} = (sen_{1b}, sen_{2b}, \cdots, sen_{nb})$；再次，将 MT_{sen1} 和 MT_{sen2} 中的翻译结果两两组合，并进行相

似度计算，假设 sen_{ia} 和 sen_{jb} 分别属于 MT_{sen1} 和 MT_{sen2}，各自包含的单词个数记为 $len(sen_{ia})$ 和 $len(sen_{jb})$，最长匹配子串包含的单词个数为 $len(both)$，则相似度 $sim(sen_{ia}，sen_{jb})$ 如公式（7-4）所示；最后，选择相似度最高的句子来作为最终的相似度结果。

$$sim(senia，senjb) = \frac{len(both)}{(len(senia) + len(senjb))/2} \qquad (7\text{-}4)$$

（4）基于相似度融合的检测结果判断

该模块的功能定位是以基于 BERT-Whitening 和基于机器翻译的相似度计算结果为基础，综合判断待检测文本对是否存在重复。基本思路是，首先根据相似度阈值分别作出重复与否的判断；之后再对判断结果进行融合，若至少一方的判断结果是内容重复，则将其视为重复文本对。显然，阈值的设置是影响重复判断效果的关键因素。

总体来说，基于 BERT-Whitening 和基于机器翻译的相似度计算方法都可以相对较准确地反映所检测文本对间的语义相似度，但受限于当前的技术发展水平，都存在准确率不够高的现象，即相似度小于 1 时也可能存在文本对语义重复的情况，但计算得到的相似度越高内容重复的概率越高，因此可以通过合理的阈值设置实现重复文本对识别召回率与准确率的平衡。

由于基于机器翻译的相似度计算方法在文本翻译、相似度测算两个环节均会产生一定的失真，因此，与基于 BERT-Whitening 的方法相比，其相似度计算结果更易于产生偏差，同样阈值水平下，更易于造成误判。基于此，拟将基于 BERT-Whitening 的相似度阈值设置得稍低一些，从而能够在准确率不太低的前提下尽量提升重复文本对的召回率；将基于机器翻译的相似度阈值设置得高一些，使其在基本不带来误判的前提下获得一定的重复文本对召回，尤其是基于 BERT-Whitening 的相似度较低情况下的重复文本对召回，从而与基于 BERT-Whitening 的重复判断方法形成良好互补。

（5）文本重复检测流程

待检测文本段落常常包含多个句子和子句，从而形成多个待检

173

测片段，因此需要开展文本重复检测流程设计，以提升重复检测效率。从尽量减少实际进行比对的文本片段对角度出发，应按照如下思路开展检测：对于同质替换类和语义一致类重复检测，应优先进行同质替换类检测，若存在重复再进行对应文本片段的语义一致重复检测，否则可以免除这一环节；对于存在包含关系的待检测片段，应遵循先长后短原则，若包含子句较多的片段不存在重复，再对存在包含关系的文本片段进行检测，否则可以免除这一环节。

根据上述认识，文本重复检测中应遵循如下流程（如图7-3所示）：①若待检测文本对集合非空，则选择包含子句最多的文本片段对进行检测（如果多个文本片段的子句数量相等，优先选择同质替换类文本对），并将其从集合中删除，并转步骤②；否则转步骤

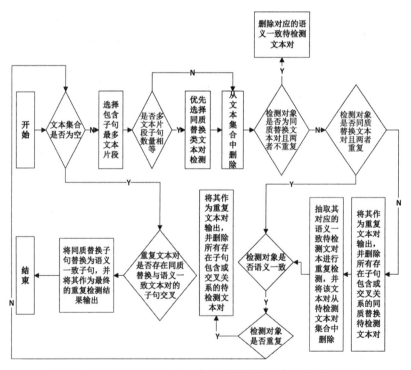

图 7-3 基于 BERT-Whitening 与机器翻译的文本重复检测流程

⑤；②若所检测的是同质替换文本对且两者不重复，则删除对应的语义一致待检测文本对，并返回步骤①；③若所检测的是同质替换文本对且两者重复，则将其作为重复文本对输出，并删除所有存在子句包含或交叉关系的同质替换待检测文本对；抽取其对应的语义一致待检测文本对进行重复检测，并将该文本对从待检测文本对集合中删除；④若所检测的是语义一致文本对且两者重复，则将其作为重复文本对输出，并删除所有存在子句包含或交叉关系的待检测文本对，返回步骤①；若两者不重复，直接返回步骤①；⑤对于识别出的重复文本对，判断是否存在同质替换与语义一致文本对的子句交叉，若存在将同质替换子句替换为语义一致子句，并将其作为最终的重复检测结果输出。

7.1.3　文本重复检测实验

为验证基于 BERT-Whitening 与机器翻译的文本重复检测模型的效果，采用公开数据集进行了实验验证，实验设置及效果说明如下。

(1) 数据集构建

鉴于缺乏足够的语料进行机器翻译模型自主训练与优化，难以将通用翻译工具调整为适用于学术文本的领域翻译工具，而且缺乏足够的学术文本数据集，因此实验中并未以学术文本作为实验数据，而是选择了哈尔滨工业大学的公开数据集 LCQMC①，该数据集是哈尔滨工业大学为 2018 年的自然语言处理国际会议 COLING 构建的文本语义匹配数据集，该数据集中一条数据包括 3 个部分，分别是两条待检测的文本片段与是否语义一致的判断结果。该数据

175

① Xin Liu, Qingcai Chen, Chong Deng, et al. LCQMC：A large－scale Chinese question matching corpus [C]// Proceedings of the 27th International Conference on Computational Linguistics. Stroudsburg：Association for Computational Linguistics，2018：1951-1962.

集中的数据并非均符合学术文本抄袭特征，因此通过人工挑选从中选出 1 万个句子对，语义重复的为 58.3%，语义不重复的为41.7%，其中 2000 条数据集为测试集，8000 条数据集为训练集。样例数据如表 7-1 所示。

表 7-1　LCQMC 数据样例

文本片段 1	文本片段 2	是否相似
过年送礼送什么好	过年前什么时候送礼	否
部落战争怎么更新	部落战争，怎样更新	是
面相上看耳垂有痣代表什么	男性耳朵上长痣代表什么耳垂这里	否
石家庄天气如何	石家庄天气怎么样	是
手机铃声怎么下载	手机铃声怎样下载	是

（2）对照实验设置

为便于通过比较衡量模型的效果，研究中设置了两个对照实验：①基于机器翻译的文本重复检测模型，相比于前文所提出的标注模型，其只依据机器翻译的结果进行文本重复与否的片段，以检验融合语义相似度计算模型的必要性；②基于 BERT-Whitening 的文本重复检测模型，相比于前文所提出的标注模型，其只依据语义相似度的结果进行文本重复与否的片段，以检验融合机器翻译的必要性。

（3）评价指标

对任一待检测文本对，实验结果均只有 4 种：分别是真正例（Ture Positive，TP），即模型判断为语义相似，并且实际语义相似；假正例（False Positive，FP），即模型判断为语义不相似但是实际语义相似；真负例（Ture Negative，TN），即模型判断为语义相似，但是实际结果不相似，假负例（False Negative，FN），即模型判断为语义不相似，并且实际语义相似。鉴于研究中仅关注语义一致的文本片段是否存在漏检、误检，因此选取准确率 P、召回率 R 和 $F1$ 值作为评价指标，计算方法如公式 (7-5) 至 (7-7)。

$$P = \frac{\mathrm{TP}}{\mathrm{TP+TN}} \tag{7-5}$$

$$R = \frac{\mathrm{TP}}{\mathrm{TP+NP}} \tag{7-6}$$

$$F1 = \frac{2 \times P \times R}{P+R} \tag{7-7}$$

（4）实验过程

实验过程中，为取得良好的实验效果，一方面需要选择优质的机器翻译工具，另一方面需要进行相似度阈值参数的合理设置。

机器翻译工具选择方面，经过调查评估，实验中选择了百度翻译、谷歌翻译和有道翻译三个翻译工具的在线网页版。三者都是国内市场占有率较高的商业翻译工具，均具有海量的中英文双语语料和深厚的技术积累，中译英质量较高，而且三者间具有一定的互补性，有一定比例的文本片段翻译结果不完全一致。

相似度阈值设置上，从 1.0 开始以 0.05 为步长，根据训练数据集进行参数的调整测试，并根据 F1 的变化确定最佳取值。最终，基于机器翻译的重复检测模型的相似度阈值为 0.65；基于 BERT-Whitening 的文本重复检测模型的相似度阈值为 0.65；基于 BERT-Whitening 与机器翻译的重复检测模型参数设置中，鉴于 BERT-Whitening 相似度参数的也设置为 0.65，但为避免机器翻译带来过多误伤，将其阈值设置为 1.0。

（5）实验结果及分析

三组实验的最终结果如表 7-2 所示，基于 BERT-Whitening 与机器翻译的重复检测模型相对于另外两个模型无论是准确率还是召回率都有明显提升；两个对照模型则各有优劣，基于机器翻译的重复检测模型准确率较高，但召回率低于基于 BERT-Whitening 的重复检测模型。

表 7-2　不同模型效果对比

模型	Precision	Recall	F1
基于机器翻译的重复检测模型	97.2%	56.6%	71.6%
基于 BERT-Whitening 的重复检测模型	84.7%	73.3%	78.6%
基于 BERT-Whitening 与机器翻译的重复检测模型	86.0%	81.3%	83.6%

从检测结果来看，首先无论是基于 BERT-Whitening 的重复检测模型还是基于机器翻译的重复检测模型都具有较强的局限性，一方面大量语义重复的文本对相似度远低于 1.0，BERT-Whitening 模型下，测试数据中语义相同时相似度最低的仅为 0.004，BERT-Whitening 模型下情况与之类似；另一方面部分语义差异较大的文本对相似度较高，如 BERT-Whitening 模型下，"中国第一次参加世界杯是什么时候"和"中国第一次参加亚洲杯是什么时候"的相似度竟然高达 0.9822。受此影响，仅依靠 BERT-Whitening 模型的相似度计算结果和机器翻译的相似度计算结果均无法取得良好的文本重复检测结果。

但两者相结合则能够形成一定互补，部分机器翻译效果较差的文本对在 BERT-Whitening 模型下具有较高的相似度，被判定为语义相似。同时，部分语义内容相同但 BERT-Whitening 模型下相似度较低的文本对，却又得到了完全一致的翻译结果，如"敢问各位大神这是什么字体"和"这是什么字体啊求大神"在 BERT-Whitening 模型下的相似度仅为 0.3，但均被翻译为"May I ask the gods waht font this is"。

此外，多个翻译工具间的互补性也在实验中得到了验证，基于 BERT-Whitening 与机器翻译的重复检测模型下，仅依靠单个翻译工具及两两组合的实验效果如表 7-3 所示。可以看出，三个翻译工具的组合相较于最佳的单翻译工具，F1 值提升了 10.3%；相较于最佳的双翻译工具组合，F1 值提升了 1.0%。

表 7-3 单翻译工具与双工具组合条件下的实验效果

翻译工具	Precision	Recall	F1
百度翻译	97.7%	39.7%	56.4%
谷歌翻译	98.1%	44.6%	61.3%
有道翻译	99.7%	33.5%	50.2%
百度翻译+谷歌翻译	97.2%	52.6%	68.3%
百度翻译+有道翻译	97.3%	55.4%	70.6%
谷歌翻译+有道翻译	98.3%	51.1%	67.2%

7.2 基于分组 SIFT 的图像重复检测技术

面向项目申请书的图像重复检测需要解决的核心问题是将直接复制粘贴、对图像做小幅形变或修改处理的图像识别出来。遵循图像重复检测的一般流程，其实施包括图像预处理、特征提取、特征匹配和结果输出几个环节。其中，预处理环节的主要任务是将待检测图像转换到灰度或其他彩色空间，以提升处理效率，降低色彩对重复检测的干扰；特征提取环节是提取出能够表征图像特点的相关信息，该环节也是影响重复检测效果的关键；特征匹配环节是将处理后的待检测图像与比对图像进行相似度计算，判断图像间存在重复关系的可能性并对疑似重复的区域进行标识；结果输出环节需要对匹配结果进行处理，识别出高可信的疑似重复图像并按要求进行输出。

为实现图像重复检测效果与效率的均衡，适应项目申请书图像重复检测的要求，拟采用基于分组 SIFT（尺度不变特征转换，Scale-invariant feature transform）的检测方法，一方面利用 SIFT 模型提取特征稳定性强、准确度高的优点，满足重复检测的效果要求，另一方面通过分组提取特征与匹配的方式，提高图像处理的效率，满足重复检测的效率要求。

7.2.1 基于分组 SIFT 的图像重复检测模型

基于分组 SIFT 的图像重复检测中，首先需要利用结构张量属性对图像进行分块，并提取图像块的特征、按特征进行分组，之后对同一类型的图像块进行相似度比较，识别重复的图像块，并在此基础上判断图像是否存在疑似重复问题，其流程如图 7-4 所示。

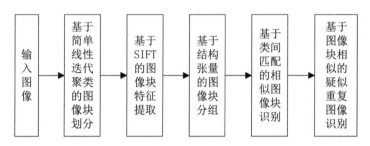

图 7-4 基于分组 SIFT 的图像重复快速检测算法流程

（1）基于简单线性迭代聚类的图像块划分

图像块划分中，一种常见思路是根据预置的块的大小，将图像分成形状规则且重叠的多个块，但图像小幅调整或修改类重复模式下，被修改区域可能是不规则的，因此可能导致重复区域识别不理想；而且申请书中的图像常常较大，重叠块的数量也会快速增加，进而使得检测环节的时间复杂度随之上升。针对这一问题，研究选用了简单线性迭代聚类（SLIC, simple linear iterative clustering）算法，以实现图像不重叠且不规则的图像块划分①。SLIC 是基于 K-

---

① PUN C M, YUAN X C, BI X L. Image Forgery Detection Using Adaptive Over segmentation and Feature Point Matching[J]. IEEE transactions on information forensics and security, 2015, 10(8): 1705-1716.

means 扩展而来的算法，其实施步骤如下①：

①设定分割的图像块个数，计算每个图像块所包含的像素点数，然后初始化聚类中心 C_k 在间隔为 S 的网格节点上；

②选取以聚类中心 3×3 邻域内梯度最小的像素点为新的聚类中心；

③Repeat；

④For 每个聚类中心 C_k do；

⑤根据距离度量在聚类中心 2S×2S 区域内分配像素点；

⑥End for；

⑦重新计算聚类中心并重新聚类，重复迭代，计算前后 2 次聚类中心的距离 E；

⑧until E ≤ threshold，聚类结束。

（2）基于 SIFT 的图像块特征提取

SIFT 算法可以在空间尺度中寻找极值点，并提取其位置、尺度、旋转不变数等局部特征信息，是一种稳健性、有效性得到广泛验证的图像特征提取经典算法。其实现步骤包括：①尺度空间极值检测，利用高斯核对图像块进行尺度变换，获得图像多尺度下的尺度空间表示序列，识别出对于尺度和旋转不变的可能极值点；②特征点定位，通过函数拟合的方式对候选极值点进行检测，剔除降低对比度的候选极值点以及边缘候选极值点，从而实现特征点的精确定位；③特征点方向确定，利用特征点邻域像素的梯度方向分布特征，确定各特征点指定方向的参数，使算子具备旋转不变特性；④生成 SIFT 特征向量，建立各特征点的描述向量，使其在不同光线、视角下保持不变特性，并能够实现与其他特征点的区分②。

181

①　汪成，陈文兵. 基于 SLIC 超像素分割显著区域检测方法的研究[J]. 南京邮电大学学报（自然科学版），2016，36(01)：89-93.

②　MUZAFFER G，ULUTAS G. A fast and effective digital image copy move forgery detection with binarized SIFT [C]//2017 40th International Conference on Telecommunications and Signal Processing. Piscataway：IEEE Press，2017：595-598.

(3) 基于结构张量的图像块分组

为提升图像块相似度计算的效率，需要在完成图像块分割与特征提取后，利用结构张量对其进行自动分组。图像处理中，结构张量可以用来描述特征点指定邻域中的梯度方向及其相关度，实现对图像块边缘信息的刻画。技术实现中，图像 I 的结构张量 S 可以用 I 的一阶偏导数局部协方差矩阵表示。矩阵根据梯度 $\nabla I = [I_x, I_y]$ 构建，其中，I_x 和 I_y 分别表示 x 和 y 方向的梯度，分别根据 $I * D_x$ 和 $I * D_y$ 计算（$*$ 表示卷积，D_x 和 D_y 是卷积核）。在完成梯度计算基础上，可以通过梯度外积的空间平滑进行结构张量 S 的计算，如公式 7-8 所示。

$$S = \nabla I \, \nabla I^t = \begin{bmatrix} I^{2x} & I_x I_y \\ I_x I_y & I^{2y} \end{bmatrix} \tag{7-8}$$

其中，结构张量 S 与图像 I 具有数量相同的线和列，S 是结构张量 $S(z)$ 在位置 z 的对称半正定矩阵的矩阵值。$S(z)$ 的特征值可以分解为表示图像块边缘强度的非负特征值 $\lambda_1(z)$ 和 $\lambda_2(z)$，以及正交且平行于局部边缘的特征向量 $e_1(z) = [e_{1x}(z) e_{1y}(z)]$ 和 $e_2(z) = [e_{2x}(z) e_{2y}(z)]$。图像块的方向趋势 $O(z)$ 可以根据特征向量 $e_1(z)$ 计算，取值范围为 $[-1/2\pi, 1/2\pi]$，如公式 7-9 所示。

$$O(z) = \tan^{-1}\left(\frac{e_{1y}(z)}{e_{1z}(z)}\right) \tag{7-9}$$

在获得图像块的结构张量基础上，可以根据各类像素的占比，将其自动分为平坦状、边缘状和角点状。若图像块中的平坦像素、边缘像素、角点像素、总像素的个数分别用 p_1、p_2、p_3、p_{total} 表示，各类像素的占比用 $per(pi)$（$i = 1, 2, 3$）表示，则其计算方法如公式 7-10 所示。

$$per(p_i) = \frac{p_i}{p_{total}} \tag{7-10}$$

在此基础上，进一步将平坦状、边缘状图像块的 $per(p_i)$ 阈值设置为 ε_1 和 ε_2，则可以根据公式 7-11 进行图像块类别识别。其中，q 取值为 1，0 和 -1 时分别表示平坦状、边缘状和角点状图像块。

$$q = \begin{cases} 1, & \mathrm{per}(p_1) > \varepsilon_1 \quad \text{and} \quad \mathrm{per}(p_2) < \varepsilon_2 \quad \text{and} \quad \mathrm{per}(p_3) = 0 \\ 0, & \mathrm{per}(p_1) < \varepsilon_1 \quad \text{and} \quad \mathrm{per}(p_2) > \varepsilon_2 \quad \text{and} \quad \mathrm{per}(p_2) > \mathrm{per}(p_3) \\ -1, & \qquad\qquad\qquad\qquad \text{其他} \end{cases}$$

$$(7\text{-}11)$$

（4）基于类间匹配的相似图像块识别

该环节对属于同一类的图像块，以所提取的 SIFT 特征点进行相似度计算，从而识别疑似重复的图像块。假设 $f_a(x_a, y_a)$、$f_b(x_b, y_b)$、$f_i(x_i, y_i)$ 分别表示特征点 f_a、f_b 和 f_i（$i = 1, 2, \cdots, n$；$i \neq a$，$i \neq b$，n 表示此类图像块的数量），$d(f_a, f_b)$ 和 $d(f_a, f_i)$ 分别表示 f_a 和 f_b、f_a 和 f_i 的欧氏距离（计算方法如公式 7-12、7-13 所示），thr 表示特征点匹配阈值，则公式 7-14 得到满足时，可以认为特征点能够得到匹配。

$$d(f_a, f_b) = \sqrt{(x_a - x_b)^2 + (y_a - y_b)^2} \tag{7-12}$$

$$d(f_a, f_i) = \sqrt{(x_a - x_i)^2 + (y_a - y_i)^2} \tag{7-13}$$

$$d(f_a, f_b) \times \mathrm{thr} \leqslant d(f_a, f_i) \tag{7-14}$$

（5）基于图像块相似的疑似重复图像识别

该环节的任务是根据各图像块的相似性判断结果，综合判断所检测图像是否存在疑似重复问题。具体实现上，可以通过阈值法进行实现：假设图像 I 的图像块数量为 p_{total}，与所比对图像 Q 相似的图像块有 $p_{\text{sim-part}}$，则两者的相似度 $\mathrm{sim}(I, Q)$ 可以根据公式 7-15 计算；当 $\mathrm{sim}(I, Q)$ 超过阈值时，则认为两者疑似重复。

$$\mathrm{sim}(I, Q) = \frac{p_{\text{total}}}{p_{\text{sim-part}}} \tag{7-15}$$

7.2.2 实验结果与分析

为验证基于分组 SIFT 的图像重复检测模型的效果，拟采用公共数据集进行实验，通过与现有重复检测算法的对比验证其性能。

实验数据集由 612 幅图像构成，其中原始图像 36 幅，人工构造重复图像 576 幅，构造方法包括完全复制、尺度缩放、图像旋转、小幅修改等。

　　对照实验设置方面，选择了国内外学者近年来提出的 3 个模型作为对照实验，分别说明如下：①对照模型一是由 Bi Xiuli 等提出的，其通过增强的一致敏感哈希方法建立特征对应关系，从而实现图像重复的快速检测①；②对照模型二是由 Li Yuanman 和 Zhou Jiantao 提出的，其通过分层特征点匹配实现图像重复检测②；③对照模型三是由 PUN Chi-Man 等提出的，其基于自适应过分割和特征点匹配思路实现图像的重复检测③。

　　评价指标方面，除了关注重复检测的准确率（Precision）、召回率（Recall）、F1 值之外，还将运行时间作为衡量指标，以综合展示各模型的效果和效率，如表 7-3 所示。

表 7-3　不同算法检测结果

算法	Precision	Recall	F	Time（秒）
Bi X L 算法	80. 2%	96. 5%	87. 6%	7. 89
LI Y M 算法	86. 5%	94. 4%	90. 3%	19. 90
PUN C M 算法	78. 1%	71. 4%	74. 6%	24. 42
实验算法	93. 7%	88. 2%	90. 9%	15. 85

①　BI X L, PUN C M. Fast copy-move forgery detection using local bidirectional coherency error refinement［J］. Pattern Recognition, 2018（81）：161-175.

②　LI Y M, ZHOU J T. Fast and effective image copy-move forgery detection via hierarchical feature point matching［J］. IEEE Transactions on Information Forensics and Security, 2018, PP（99）：1.

③　PUN C M, YUAN X C, BI X L. Image forgery detection using adaptive over-segmentation and feature point matching［J］. IEEE Transactions on Information Forensics and Security, 2015, 10（8）：1705-1716.

从各个模型实验结果可知，所提出的图像重复模型在效率上弱于 Bi Xiuli 等提出的检测模型，但显著优于另外两个模型，其原因是采用了分组相似度比对的思路，大大减少了单个图像块比对的图像块数量；在准确率方面优于所有 3 个对照实验，但召回率方面弱于 Bi Xiuli、Li Yuanman 和 Zhou Jiantao 等提出的两个模型，其主要原因是图像块分类准确率不够高，导致块匹配时未能覆盖到重复的图像块。然而，从科研项目重复检测的应用实践需求角度出发，更高的准确率比召回率在当前阶段更有优势，其可以减少图像重复线索的误报，降低科研项目管理中的核实成本，使得系统的实用性更强；对于未识别的疑似重复线索，未来可以通过算法的优化进一步提升。

7.3　基于结构与参数语义的公式重复检测技术

两个公式间是否重复既取决于公式各参数、常量间的运算关系是否一致，也取决于各参数的含义是否一致，因此公式的重复检测需要综合结构信息与参数语义两个方面进行判断。同时，科研项目申请书中的公式重复既包括公式的复制或参数命名的简单调整，也包括公式的微幅调整，因此，在公式重复自动检测中，为避免重复线索的遗漏，不能简单要求结构与参数语义完全一致，而应采用相似度阈值的方式进行判断。基于上述思路，构建了如图 7-5 所示的基于结构与参数语义的公式重复检测模型，首先分别基于树编辑距离检测两个公式在结构上是否疑似重复，在考虑位置的情况下检测两个公式在参数语义方面是否疑似重复；之后，综合两者的检测结果判断公式是否疑似重复，即只有结构与参数语义均疑似重复时，才认为两个公式疑似重复。

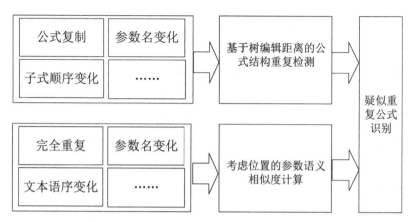

图 7-5 基于结构与参数语义的公式重复检测模型

7.3.1 基于树编辑距离的公式结构重复检测

为实现基于树编辑距离的公式结构重复性检测，首先需要对两个待检测的公式进行解析，识别公式中包含的各类要素，并结合要素特点进行规范化，在此基础上用二叉树对其进行语义表征，最后再利用树编辑距离求解算法计算两者的距离，从结构角度判断两者是否可能存在重复。

(1) 公式要素识别

需要采用规则、词表与公式文本相结合的方式，识别公式中的运算符、常量、变量和括号等要素。运算符与括号的识别可以采用词表与规则相结合的方式，通过建立常见的运算符与括号词表，辅以规则即可实现这两类要素的识别；变量的识别需要在公式文本的辅助下，采用基于规则的方式进行实现，若某包含字母的片段完整出现在公式文本中，则可以将其视为公式中的变量元素；常量则是公式中仅包含数字的片段。

(2) 公式规范化

对于常量、变量间相同的语义关系，不同项目申请书中可能采用不同的运算符进行处理，如同样表示"乘"，部分公式用的字符是"×"，部分公式用的是"∗"，部分是直接省略，因此需要进行标准化表示。实现中，对于仅涉及单个运算符的标准化处理，只需要通过建立运算符间的映射关系，进而依据映射关系进行替换即可；对于涉及多个运算符的处理，如将"$a_1 \times a_2 \times \cdots \times a_i \times \cdots \times a_n$"转换为 $\prod\limits_{i=1}^{n} ai$，则需要采用基于规则的方法，针对常见的同义形式建立识别与转换规则。此外，鉴于参数一般与公式含义无关，保留其原始名称的必要性不强，而且可能会在重复检测中因为变量名不同带来误判，因此可以将公式中的参数按首次出现的先后顺序按 v_1，v_2，…的规则重新进行命名；常量取值的变化对公式语义信息的改变常常也较小，因此，将公式中的常量统一用 C 来代替。

(3) 公式树构建

为更好地表征公式内部各要素间的关联关系，拟采用二叉树结构对公式进行标准化表示，即以运算符为中心，递归地将公式分解成二叉树，并通过结构调整，使其成为标准化形态：①以标准化后的公式为基础，结合括号及运算符自身的优先级，识别运算优先级最低的运算符，并将其作为公式树的根节点，将公式分成两个子式；②采用同样的原则对公式子式进行递归分解，直至分解结果只包含一个参数或常量为止；③二叉树平衡性调整，使每个公式对应的公式树具有唯一性：自根节点开始，遍历初步构建的公式树，当遇到具备可交换性的运算符时，对比其左右子树的高度，当左子树高于右子树时，则交换左右子树的位置。需要说明的是，对于通过 Σ、∏ 等大型运算符连接的子式，统一增加"Link"节点作为该子树的根节点。以公式 $\sum\limits_{n=1}^{\infty} (an\,x^2 + bnx) + a0$ 为例（为更清晰地体现处理过程，公式中的参数与常量保持原状），其首先选择参数 a_0 前面的"+"作为根节点，之后对左侧子式进一步分解，形成如图 7-6(a)所示的公式树；之后，鉴于运算符"+"具备可交换性，因此对公式树的结构进行处理，将两个"+"涉及的子树均交换左右位置，形成如图 7-6(b)所示的公式树，作为该公式的唯一表示形式。

187

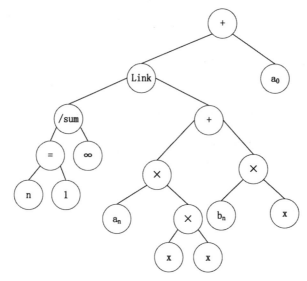

图 7-6(a) 初步构建的公式树结构示意图

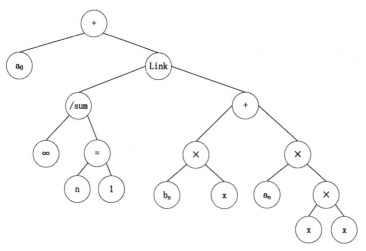

图 7-6(b) 调整后的公式树结构示意图

(4)树编辑距离计算

代表性的公式重复有如下几种典型情况：①两个公式一模一

样；②公式参数命名不一致，但参数、常量间的运算符及顺序一致；③以具有可交换性的运算符连接的子式位置不一致，但参数、常量间的运算关系并未发生变化；④保持既有常量、参数运算关系的前提下，对公式进行小幅调整，包括改变常量的取值，增加或减少个别常量、参数。这几种情况下，公式发生重复的必要条件均是两个公式树的编辑距离为0，或取值较小，即从待检测公式的二叉树编辑为比对公式二叉树所需的步骤数很少。基于此，可以根据树编辑距离判断两个公式在结构上是否疑似重复。

围绕树编辑距离的求解，国内外学者提出了多种求解算法，较具有代表性的是 Zhang Kaizhong 与 Shasha Dennis 提出的用于度量有序二叉树间距离及相似度的算法，已广泛应用于树结构的比较①与重复检测领域②，研究拟借鉴该算法进行公式二叉树编辑距离的求解。鉴于参数保持不变的情况下，改变参数间的运算规则时，一般会改变公式的含义；同时，为提升公式重复检测的灵活性，将参数、常量分别用 V 和 C 进行了替代，因此，在公式二叉树编辑距离计算时，若涉及运算符的修改，则需要先删除该运算符及对应参数、常量或子树，之后再通过新增的方式把运算符及对应的参数、常量、子树补充回来；类似地，若涉及参数、变量的修改，也只能通过先删除再新增的方式进行处理。

在计算公式二叉树 T_1 和 T_2 的树编辑距离时，首先，用序列 $S = \{S_1, S_2, \cdots, S_n\}$ 表示将树 T_1 转换为 T_2 的操作过程，用 $m \rightarrow \wedge$ 表示删除节点 m 操作，$\wedge \rightarrow n$ 表示增加节点 n 操作，一个节点转换编辑操作 $m \rightarrow n$ 的代价函数表示为 γ，其返回非负实数值记为 $\gamma(m \rightarrow n)$。将 γ 应用于序列 S 之中，则 $\gamma(S) = \sum_{i=1}^{|s|} \gamma(Si)$。此时，$T_1$ 到 T_2 的编

① Akutsu T. Tree edit distance problems：algorithms and applications to bioinformatics[J]. IEICE Transactions on Information and Systems，2010，93(2)：208-218.

② 张亚芹，杨鹤标. 基于 Zhang-Shasha 算法的存储过程相似性匹配[J]. 计算机应用研究，2014，31(9)：2692-2695.

辑距离表示为 $\delta(T1,T2)=\min\{\gamma(S)\}$。

基于树结构性质，在具体求解树最小编辑距离时，定义如下：①子节点和关键节点。将 $T[i]$ 分别表示 T 树中，从左至右顺序计数，第 i 个节点。$T[i]$ 的子节点集合表示为 $d(i)=\{l(i),l(i1),\cdots,l(in)\}$，其中 $l(i)$ 是以 $T[i]$ 为根节点的子树中最左边的叶子节点，其他子节点则是依次从左至右计数。设 $R[i]$ 是树的根节点，$A[i]$ 是 $T[i]$ 的父节点，当 $T[i]=R[i]$ 或是 $T[i]\neq l(A[i])$ 时，$T[i]$ 是树的关键节点，关键节点集合记为 $k(T)$。②子树和子森林。将节点 $T[i]$ 与其所有子节点组成的子树记为 $d(i)$，$d(i)$ 中最多包含一层父子关系。树 T 中，所有从 i 到 i' 的有序子森林，记为 $T[i'\cdots i]$，$T[i'\cdots i]$ 中至少包含两层父子关系。③子树距离和子森林距离。将以 i 为根节点的子树 $t1(i)$ 和以 j 为根节点的子树 $t2(j)$ 之间的编辑距离记为 $df(i,j)$，子森林 $T1[i'\cdots i]$ 和 $T2[j'\cdots j]$ 之间的编辑距离记为 $df(i'\cdots i,j'\cdots j)$。求解如公式 7-16 所示。

$$\begin{cases}df(i,j)=\min\begin{cases}df(l(i1)\cdots(i-1),l(j1)\cdots j)+\gamma(T1[i]\to\wedge);\\df(l(i1)\cdots i,l(j1)\cdots(j-1))+\gamma(\wedge\to T2[j1]); & ,T[i]\notin k(T1)\,and\,T[j]\notin k(T2)\\df(l(i1)\cdots(i-1),l(j1)\cdots(j-1))+\gamma(T1[i]\to T2[j])\end{cases}\\df(i'\cdots i,j'\cdots j)=\min\begin{cases}df(i'\cdots(i-1),j'\cdots j)+\gamma(T1[i]\to\wedge);\\df(i'\cdots i,j'\cdots(j-1))+\gamma(\wedge\to T2[j1]); & ,T[i]\in k(T1)\,or\,T[j]\in k(T2)\\df(i'\cdots(i-p),j'\cdots(j-q))+dt(i,j)\end{cases}\end{cases}$$

$$(7\text{-}16)$$

在公式中，计算分为 $T[i]\notin k(T1)$ and $T[j]\notin k(T2)$，即当节点是最左叶子节点和 $T[i]\in k(T1)$ or $T[j]\in k(T2)$，当节点为关键节点两种情况进行考虑。其中，p 表示的是节点 $T1[i]$ 所包含的子节点个数，q 表示的是节点 $T2[j]$ 所包含的子节点个数。

(5)基于阈值的结构重复性判断

在完成树编辑距离求解基础上，可以通过设置阈值的方式，把疑似结构重复的公式对筛选出来。鉴于常量增删的变化对公式的影响常常较小，参数、运算符改变影响较大，因此，可以针对 3 类要素设置差异化的阈值。

7.3.2 考虑位置的参数语义相似度计算

在公式的树编辑距离计算中，实际上已经建立了两个公式间各个参数的对应关系。因此，在参数语义相似度计算中，不能孤立地计算两组参数的最大语义相似度，而是需要考虑参数在公式中的位置，也即只有同时满足含义相似与位置对应两个条件时，才能说所检测的两个参数语义上是相似的；同时，只有足够多的参数语义相似，才能说两个公式在参数语义方面满足重复的要求。根据这一认识，可以将参数语义相似度计算的流程分解为如下 4 个步骤。

①表征参数含义的文本抽取。从技术实现角度看，该问题可以视为序列标注问题，即从一串文本序列中识别出参数和表征参数含义的文本起终点。5.2.1 节所构建的基于 BiLSTM-CRF 的非结构化文本实体知识抽取模型，针对的问题情境与参数含义抽取类似，因此可以将该模型应用到这一环节中来。

②待比对文本对生成。鉴于所抽取出来的(参数，含义)文本对中，参数使用的是公式中的原始命名，而树编辑距离计算环节已经对其进行了规范化处理，因此在生成待比对文本对之前，首先需要根据参数原始名称与规范名称映射关系，建立规范命名参数与参数含义的关联。继而，根据树编辑距离求解中各参数间的对应关系，建立由其对应文本构成的待比对文本对。需要说明的是，若基于树编辑距离的公式结构重复性检测环节得到了多种符合要求的树编辑路径，则需要针对每条编辑路径生成相应的待比对文本对组合。

③参数总体语义相似度计算。在此环节，首先需要调用基于 BERT-Whitening 与机器翻译的文本重复检测算法对每组待比对文本对进行重复检测，得到该组参数是否语义一致的判断。为提升公式重复线索的召回率，相比文本重复检测环节，在重复度阈值设置

191

上，可以适当降低一些。之后，根据各组参数的重复性检测结果，可以按照公式(7-17)计算两个公式的参数语义相似度。其中，$v\_sim(i, j)$表示公式i和j的参数语义相似度，$p(i, j)$表示语义重复的参数个数，$q(i, j)$表示进行检测的参数数量。

$$v\_sim(i, j) = \frac{p(i, j)}{q(i, j)} \tag{7-17}$$

④基于阈值的参数语义重复性判断。鉴于文本重复性检测算法有其自身的局限性，而且公式间的重复存在多种不同的情况，如将公式的应用对象进行略微调整，或者结合特定应用场景对参数的含义进行重新表述等，因此，在疑似重复公式甄别中，不能要求所有参数语义均一致时才将其纳入疑似重复候选。显然，公式包含的参数越多，越应该允许更多参数的语义存在差异，基于此，可以通过设置阈值的方式判断两个公式的参数语义上是否存在重复，假设阈值为m，则$v\_sim(i, j) \geq m$时，将其视为存在参数语义重复，反之，则认为两者的参数语义存在明显差异。

7.3.3 公式重复检测实验

由于通过公开渠道获取的科研项目申请书数量有限，难以有效构建用于公式重复检测实验的数据集，因此，拟采用数据模拟的方式进行重复检测实验，以验证前文所提模型在公式检测思路上的合理性。

(1) 数据集构建

从学术论文中获取了100处公式解释文本(长度超过30个字)和公式作为基础数据，形态上涵盖了公式参数说明文本和公式，内容上涵盖了文本、公式等多种模态。将其随机插到所采集的363篇申请书中，加上申请书中原有的公式，共计1496个。之后，采用如下方式进行重复点设置：随机选择100处长本文(长度超过30个字)和相应公式，将其复制后放入其他申请书的文本中，并随机选择部分公式和文本进行修改，包括修改公式中的常数、变量、运算符、子式位置顺序和长文本中的对应参数说明等。经过处理后，总计设置了 400 处公式结构重复和参数语义重复。

（2）实验过程

实验按前文所构建的模型进行展开，其中，在基于树编辑距离的公式结构重复性检测环节，设置常数、参数和运算符的阈值分别为 a、b、c，基于公式编辑距离的计算结果，当结果中任一数值小于阈值时，则视该公式存在公式结构重复。而在公式参数语义相似度计算环节，设置阈值 m 为 x，当两公式间的参数语义相似度大于或等于 m 时，则视其存在参数语义重复。

（3）实验结果及分析

实验完成后，分别对公式结构重复性检测的效果和参数语义相似度计算的效果进行了统计分析，说明如下。

①公式结构重复性检测效果及分析。本次实验所检测的 1496 个公式中，重复公式共 400 处，检测出结构重复的 327 处且全部正确，占比 81.75%。总体来说，本次实验中公式结构重复检测的准确率较高，基于树编辑距离的计算策略具有一定成效，但由于公式检测构建的基础数据规模较小，导致公式覆盖率不足，部分类型的公式未全面涵盖考虑，如线性代数矩阵公式。

②参数语义相似度计算效果及分析。本次实验中，共包含重复参数语义说明文本 400 处，检测算法判为重复的有 341，其中正确的 293 处(同样被识别为结构重复)，错误的 48 处。参照文本的评价指标，该次实验下，重复线索发现的准确率、召回率和 F1 值计算方法及结果如表 7-5 所示。

表 7-5　公式重复检测实验结果

评价指标	效果
准确率	85.9%
召回率	73.2%
$F1$ 值	79.0%

总体来看，本书提出的公式语义参数相似度计算方法效果较好，实验结果中准确率、召回率、F1 值均有较高的结果，可见该策略能够相对准确识别出重复的公式。

7.4　结合单元格内容及位置的表格重复检测技术

作为一种结构化的内容展示形式，表格中各单元格的内容既可能是较长的文本、公式、图像，也可能是只有一个字或几个字的短文本；而且表格中各行、各列的单元格之间常常具有内在关联，因此在进行重复检测时，既要考虑单元格内容本身的相似性，也需要考虑其关联单元格间的相似性，即需要综合考虑单元格内容及位置信息进行重复与否的判断。

7.4.1　科研项目申请书中的表格与表格重复类型分析

作为一种可视化交流方式，表格在科研项目申请书正文中的应用虽然不是很多，但常常发挥着非常关键的作用。根据对典型项目申请书的调研，申请书正文中的表格基本上都是结构化表格，即表头与表体具有明确的界限，各自集中分布在一起，比如表头分布在表格的前面一行(列)或数行(列)，彼此不存在交叉，因此，研究也侧重于结构化表格的重复检测。

所谓表格重复，是指科研项目申请书正文表格的表体在语义上与其他项目申请书存在重复，而且重复内容应达到一定规模。例如，某表格的单元格取值为"高"，对应表头为"价格"，另一个表格的单元格取值与其相同，但对应表头为"身高"，则两者语义上不存在重复；而且刚才例子中，哪怕对应表头也为"价格"，若仅有一个单元格重复，也不能将其判断为重复，很可能仅仅是巧合。此外，需要说明的是，只有表头存在重复时，不能将其判断为表格重复，其原因是部分表格的通用性较强，科研人员可能会采用相对通用的表格设计方式，使得表头存在重复。

从重复范围角度出发，可以将表格重复区分为完全重复和部分重复，前者指表格的表体内容都是复用其他申请书的内容；后者指仅有部分表体内容复用其他申请书的内容，这里的部分表体包括部分行、部分列和部分单元格等不同情形。需要说明的是，只有当单元格的文字数量较多或者包含图像、公式时，才可能发生不连续的部分单元格重复这种情况。

从重复对象角度出发，可以将表格重复区分为与表格、文本、公式、图像存在重复。表格与表格的重复是指两者在行、列或单元格上存在取值语义一致的情形，其具体表现可能较为复杂，包括结构一致的表格重复和结构不一致的表格重复两种情形，前者指两个表的表头完全一致，具体的重复方式包括行列不变、行(列)变换、行(列)增删、单元格内容修改等；后者指两个表的表头发生了变化，包括表头顺序调整、表头的增删、修改等。表格与文本、公式、图像的重复主要发生在单元格粒度上，即单元格的内容与这些模态的对象存在重复。

表格及表格重复形态的多样性，为科研项目申请书中的表格重复检测带来了挑战，要求重复检测方法设计需要全面考虑到各种典型情况，具有较强的通用性和灵活性。

7.4.2　结合单元格内容及位置的表格重复检测模型

表格的重复检测实际上是判断各个单元格的内容是否存在重复，鉴于各单元格内容的模态可能是文本、图像、公式，因此其实施离不开文本、图像、公式重复检测算法的利用；但另一方面，单元格重复与否的判断除了需要考虑单元格自身外，还需要考虑其对应表头、同行/列相关单元格的重复情况，因此其重复检测也不能简单视为文本、图像、公式重复检测方法的组合，需要结合其自身特征进行检测模型的设计。重复检测实现中，首先需要对表格进行结构解析，识别表头与表体，在此基础上，结合表体中各个单元格的实际情况，生成待检测内容片段对；继而，针对不同类型的比对对象，采用差异化的方法进行检测分析，综合得到表格的重复检测结果，如图 7-7 所示。

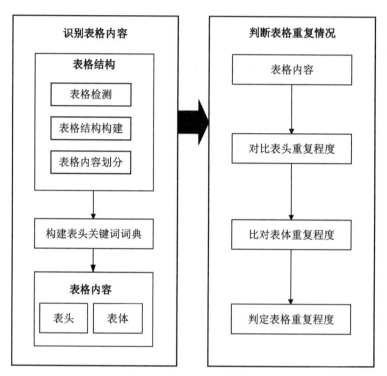

图 7-7　表格重复检测模型

（1）基于词表的表格解析

　　鉴于科研项目申请书重复检测中默认待检测表格属于结构化表格，因此表格解析的核心任务是识别哪几行或哪几列是表头。总体来说，若属于多行或多列表头，则表头区域一定存在单元格合并的情形；而且如果是行表头，则表头区域的最后一行不会和后面的行进行垂直方向的单元格合并；同理，如果是列表头，则表头区域的最后一列不会和后面的行进行水平方向的单元格合并，因此，可以根据单元格合并情况确定表格的候选表头区域。同时，表头区域各单元格的内容常常在其他表格中作为表头，因此，可以根据这一特征建立表头单元格内容词表，并基于词表辅助确定表头。根据上述思路，可以设计基于词表的科研项目申请书表格解析方法。

①候选表头区域识别。鉴于无法确定表格是行表头、列表头还是行列表头，因此，需要把可能是表头的行和列都筛选出来。实现思路上，既可以采用基于视觉特征的方法，也可以采用单元格结构分析方法。

基于视觉特征的候选表头识别，其一将表格保存为图片形态；其二，对图片进行灰度化，并将灰度图像中每个像素点的灰度值设为 0 或 255。其三，进而利用长为 100，宽为 1 的矩形扫描得到 m 条横线；利用长为 1，宽为 50 矩形扫描得到 n 条竖线；并通过适当的腐蚀和膨胀使横线和竖线更加清晰。其四，以表格第一条横线长度为标准，自上而下寻找第二条等长横线，两条横线中间的区域就是候选行表头；通过同样的方法，也可以得到候选列表头区域。需要说明的是，若最后一条横线是等长横线，则说明该表格不可能是行表头或行列表头，只可能是列表头表格；类似地，若最后一条竖线是等长竖线，则该表格不可能是列表头或行列表头表格。

基于单元格结构的候选表头识别方法下，行、列候选表头的识别方法相近，下面以候选行表头区域识别为例进行说明（假设表格共有 n 行）。其一，读取表格的第一行，若存在单元格合并，则继续读取第二行；其二，自第二行至 $n-1$ 行，采用下面方法进行循环处理：若该行不存在横向单元格合并，或者向下跨行的纵向单元格合并，则该行及前面的所有行一起构成候选行表头区域；否则，继续读取下一行进行处理；其三，若直至 $n-1$ 行都无法确定候选行表头区域，则该表格不可能是行表头或行列表头，只可能是列表头表格。

②基于词表的表头区域确定。如果候选表头区域既包括行又包括列，则需要利用词表进一步判断。首先，统计候选行表头和列表头区域分别包含的单元格个数，以及单元格取值被词表覆盖的比例。其次，分别判断单元格的词表覆盖比例是否超过阈值，若均超过阈值，则将其视为行列表头，否则将其判断为行表头或列表头。

197

最后，若候选行列表头的单元格词表覆盖比例均不超过阈值，则将其视为行表头表格，其原因是，从统计数据看，科研项目申请书正文中的表格以行表头居多。

③表头单元格内容词表构建与更新。词表的完备性与准确性对表头判断效果具有重要影响，完备性较差时可能导致表头的漏判，准确性较低时则可能导致表头的误判。同时，科研项目申请书中的表头千差万别，难以一举完成高覆盖率的词表构建，因此还需要建立词表的持续更新机制。同时，为降低词表构建的成本，可以采用无监督方法进行表头单元格内容词表的构建与更新。

第一，种子词识别。首先，对样本申请书的每一张表格，识别候选表头区域，并获得单元格的取值，作为词表的候选词；同时，将剩余区域视为表体，获得表体单元格的取值。其次，分别对候选表头区域和表体区域各单元格的取值进行频次统计，过滤掉低频词；再次，鉴于表头的长度一般都不小于2，因此过滤掉只包含单字的候选词；鉴于表头与表体单元格的取值一般不同，因此需要进一步过滤掉在表体单元格中频次也较高的候选词。最后，将剩余候选词纳入表头单元格内容词表作为种子词。

第二，词表无监督学习。以种子词为基础，对样本申请书中的表格重新进行处理。首先，在识别候选表头基础上，基于种子词进行表头的判断；其次，若能根据词表确定表格的表头区域，则将表头各单元格的取值作为候选词；再次，完成一轮申请书处理后，统计各候选词的频次，将频次较高的加入词表中；最后，根据更新后的词表，按照前述步骤对样本申请书进行处理，直至词表不再变化为止。

第三，词表更新机制。词表的更新可以通过两种方式进行实现：其一，当重复基础资源发生较大规模更新后，运行词表无监督学习流程，实现词表的更新；其二，申请书重复检测过程中，将别出的表头单元格取值保存下来作为候选词，定期进行词频统计，并选择高频词更新至词表。

（2）待重复检测对生成

当候选重复对象为表格时，重复检测的基本单元是行或列，而当候选重复对象为文本、图像、公式时，重复检测的基本单元是单元格或单元格组合，因此，需要采用差异化的方法进行待重复检测对生成。

①针对表格模态候选重复对象的待重复检测对生成。鉴于表格间的重复检测需要考虑单元格的位置，因此，在生成待检测片段时，需要将其生成具有位置信息的列表形态。若待检测表格为行表头，则将其生成形如 $\{[(p_{11}, p_{12}, \cdots, p_{1j}, \cdots, p_{1n}), (p_{21}, p_{22}, \cdots, p_{2j}, \cdots, p_{2n}), \cdots], [\cdots(p_{i1}, p_{i2}, \cdots p_{ij}, \cdots p_{in}), \cdots (p_{n1}, p_{n2}, \cdots p_{nj}, \cdots p_{nn})]\}$ 的待检测片段，其中前一个方括号内为表头内容，后一个方括号内为表体内容，每个圆括号存储一行的内容；若待检测表格为列表头，则采用类似的处理策略；但若待检测表格为行列表头，则生成两组待检测片段，每组包含 3 个方括号，分别存储行表头、列表头和表体，一组数据的表体按行存储，另一组数据的表体按列存储。对于作为比对对象的表格，无须进行专门处理，只需参照行表头表格的形式进行表示即可。在此基础上，将待检测片段与每一个候选重复表格进行组合，生成待重复检测对。

②针对文本、图像、公式模态候选重复对象的待重复检测对生成。若单元格的文本较长时，将其视为文本段落进行处理，以生成待检测文本对；若单元格包含图像时，则将图像提取出来，按图像重复检测对生成的策略进行处理。若单元格包含公式时，则将公式及相关内容一起生成待检测片段，其中公式相关内容可能分布在同一个单元格中，也可能分布在不同单元格中；对于分布于不同单元格的情形，需要参照表头位置及相邻单元格的参数包含情况进行识别。在重复检测对生成上，参考公式的处理方法即可。在公式、图像重复检测对生成时，若作为比较对象的公式、图像来自纳入候选重复检测范围的表格时，为避免重复，需要将其过滤掉。需要指出的是，为便于重复检测结果的融合处理，对每个待检测片段，需要标记其在表格中的原始位置。

（3）检测比对

对于包含文本、图像、公式的待检测重复对，只需要调用相应的重复检测算法，并返回检测结果即可。对于以表格为候选重复对象的待检测重复对，尽管具体的重复检测分析也需要调用文本、图像、公式的重复检测算法，但也需要综合考虑表格的结构特征。①将待检测表格的每一行或每一列，以单元格作为重复检测的最小粒度，均与待比对表格的每一行及每一列进行相似度检测，检测时不考虑单元格的顺序，若重复单元格数量超过阈值，则认为该行或列疑似存在重复，将检测结果输出，记录下每个单元格与对应表格的哪个单元格重复。②按行/列汇总重复检测结果，并进行对齐处理，即分析各行/列重复单元格间的位置是否有对应关系，即与同一个表头项对应，同时分析被重复单元格是否位于同一行/列。③若对齐处理后，存在多行/列的重复单元格超过阈值，则认为两个表格存在重复，并将检测结果输出；其中，如果各重复单元格均为短文本，则还要求对应的表头同时重复。

需要指出的是，如果待检测表格的单元格中包含的文本较长或包含图像、公式，则在重复判定中，既不要求相邻单元格必须重复，也不要求整个单元格内容都需要重复，只要达到文本、图像或公式模态内容的重复标准即可。

7.4.3　科研项目申请书表格重复检测实验

鉴于通过公开渠道获取的科研项目申请书数量有限，难以有效构建起表格重复检测的数据集，因此，采用数据模拟的方式进行了重复检测实验，以验证前文所提模型在表格结构解析、检测思路上的合理性。

（1）数据集构建

从学术论文中获取了 200 个表格作为基础数据，形态上涵盖了行表头、列表头、行列表头，单元格内容上涵盖了长短文本、图像、公式等各种模态。将其随机穿插到所采集的 363 篇申请书中，加上申请书中原有的表格，共计 443 个。之后，采用如下方式进行重复点设置：①随机选择 100 个表格，将其复制后随机插入其他申请书中，并随机选择部分表格进行修改，包括修改表头，使得两个表格不重复或仅部分重复，修改部分单元格的内容，使得表格重复内容减少，对部分表格增加少量行或列、对部分表格删除少量行或列。②随机选择 100 处长文本类单元格（长度超过 30 个字）、图像、公式，将其复制后放入其他申请书的正文中。经过处理后，总计设置了 500 处重复（一个单元格重复算一处），其中与表格重复400 处，与非表格文本、图像、公式重复 100 处。

（2）实验过程

实验按前文所构建的模型进行展开，其中，表格解析环节，鉴于数据集中表格数量较少，因此，将全部表格均用来进行表头关键词词表构建，以 5 作为频次阈值；待检测片段对生成环节，以包含15 个汉字或单词作为阈值，若超过阈值，则将其视为长文本，否则视为短文本。

（3）实验结果及分析

实验完成后，分别对表格解析环节的效果和最终的重复检测效果进行了统计分析，说明如下。

①表格解析效果及分析。本次实验所解析的 543 个表格中，表头、表体识别正确的表格 518 个，占比 95.4%。总体来说，本次实验中表头、表体解析准确率较高，基于词表的识别策略具有一定成效，但由于词表构建的基础数据规模较小，导致词表覆盖率不足，少量常用表头关键词未被识别出来。在误识别的表格中，部分表格的表头包含常见关键词，理论上在扩大词表构建的基础数据后，可以覆盖，但也有部分表格难以通过该策略解决。

②重复线索检测效果及分析。算法总计发现了 497 处重复线索，其中正确的 471 处，错误的 26 处。参照文本、图像、公式的评价指标，该次实验下，重复线索发现的准确率、召回率和 $F1$ 值计算方法及结果如表 7-6 所示。

表 7-6 表格重复检测实验结果

评价指标	效果
准确率	94.8%
召回率	94.2%
F_1 值	94.5%

总体来看本文提出的表格识别算法表现令人满意，实验结果中准确率、召回率、F_1 值均有较高的结果，可见该算法能够相对准确识别出抄袭表格。误识别的重复线索主要是由于文本、图像、公式重复检测算法效果不够理想，导致部分非重复内容被误判为重复；未识别的重复线索主要发生在重复对象为表格的线索上面，部分重复线索在表格中分布较为分散，导致重复判断环节未将其识别出来；另有部分重复线索由于表头识别错误导致的，由于误将列表头表格识别为行表头，导致算法误判为表头不重复，因此尽管单元格重复较多，但由于都是短文本，所以未将其识别出来。

8 科技项目申请书重复检测原型系统构建

为验证前文所提出的基于知识图谱的科研项目申请书重复检测模型及相关技术实现方案的可行性，进行了科研项目申请书重复检测原型系统构建，下面将遵循信息系统开发的一般流程，从需求分析、功能设计、系统设计、开发实施与效果展示等环节进行具体阐述。

8.1 原型系统需求分析与功能设计

需求分析是科研项目申请重复检测系统构建的起点，对系统的功能、架构设计具有重要指导作用，也是保障用户体验的基础；功能设计则是将用户需求转化成具体功能模块与功能点，使得抽象的需求描述具象化，从而为系统的设计与实施提供直接依据。

8.1.1 原型系统需求分析

科研项目申请书重复检测原型系统构建的目标是为科研和财政资金利用效率提升、学术诚信治理提供支持，同时为避免科研人员进行针对性的重复内容修改以逃避检测，原型系统仅将科研项目管理人员作为用户对象，而不包括个体科研人员。这一方面使得用户结构非常简单，功能性需求也相对明确，完全服务于科研项目管理需要；另一方面也对系统提出了多方面的非功能性需求。

（1）功能性需求

功能性需求方面，申请书重复检测与预警是用户最为核心的需求；为支撑申请书重复检测，还必须有基础资源做支撑，因此具有基础资源管理需求；系统运行中还难以避免用户权限控制问题，因此具有权限管理需求。

①用户权限管理。尽管对于高校、科研院所等以科研诚信自查为目标的机构来说，该系统的用户可能只包括极少数的科研人员，也不必进行角色权限的划分；但对于科学基金或科研项目资助机构来说，为维护查重结果的权威性，需要设置不同的角色并进行相应的权限划分，如基础数据资源管理应当由专人负责。因此，用户具有权限管理需求，需要支持系统管理人员基于用户角色进行细粒度的权限管理。

②基础资源管理。缺乏全面、高质量的基础资源体系，科研项目申请书重复检测难以取得理想效果，因此，用户具有基础资源管理需求，包括多类型、多格式基础资源的批量导入、解析、组织与维护管理。

③申请书重复检测与预警。这是用户最为根本性的需求，也是构建原型系统需要达成的最终目标。从科研管理的业务流程看，科研管理人员除了有针对单篇申请书的重复检测外，还包括针对科研人员集中提交的申请书进行批量重复检测的需求；鉴于科研项目申请书的预处理效果会对重复检测效果产生重要影响，但同时又无法确保每篇申请书都处理得完全准确，因此科研人员具有干预申请书预处理的需求；鉴于系统检测出来的都是疑似重复线索，最终结果需要人工进行核实，因此，科研人员具有重复检测报告下载、查看需求；对于批处理任务来说，科研管理人员不太可能逐一查看、核实每一篇申请书的重复检测结果，而是需要系统筛选出部分高风险的申请书，因此科研管理人员具有重复预警需求。

（2）非功能性需求

科研项目申请书重复检测系统运行中，科研人员需要能够高效地进行系统的操作与重复检测报告阅览、核实，需要能够快速实现大批量科研项目申请书的入库、重复检测，在批处理任务执行中能够尽量不因意外事故导致中断，需要能够保障基础资源及重复检测报告的安全性，因此，科研人员具有易用性、高效性、鲁棒性和安全性等非功能性需求。

①易用性需求。此需求主要体现在两个方面，一是系统的操作较为便捷，用户能高效地完成与系统的交互；二是预警信息与重复检测报告易用，用户能高效、便捷地从中获取关键信息以支持管理决策，以及获取辅助信息以核实重复线索。

②高效性需求。基础资源管理方面，高效性需求主要体现在能够快速实现资源的入库，包括知识信息的抽取、知识图谱的更新、查重索引的更新等；申请书重复检测方面，高效性需求主要体现在能高效完成单篇和批量申请书的重复检测与预警、报告生成。

③鲁棒性需求。鉴于科研人员在申请书填写时，可能对申请书的结构、内容作出各种各样的调整，系统实践运行中很可能遇到申请书解析不成功的问题，此时就需要系统能够自动跳过此类文档，避免因为单个文档解析不成功而导致批量申请书上传、处理失败；同时，无论是文档上传还是重复检测环节，系统都可能遇到各种意外情况停止运行，此时就要求系统具有中断任务管理功能，能自动从上次停止位置进行任务的执行。

④安全性需求。围绕该系统，科研管理人员的安全需求包括基础资源不被泄漏、篡改、删除，重复检测报告不会被篡改和删除，系统能够控制访问权限，不被非法/越权访问和操作，能够记录系统的访问日志，追踪历史访问和操作情况。

8.1.2 需求导向的原型系统功能设计

针对用户的权限管理、基础资源管理、重复检测与预警 3 类需求，设计了门户管理、系统管理、基础资源管理、重复检测任务管理、检测结果与预警信息管理等 5 组功能，如图 8-1 所示。其中，门户管理与系统管理功能用于满足权限管理需求与安全性的非功能需求，基础资源管理功能则用于满足对应需求，重复检测任务管理、检测结果与预警信息管理功能用于满足重复检测与预警需求。

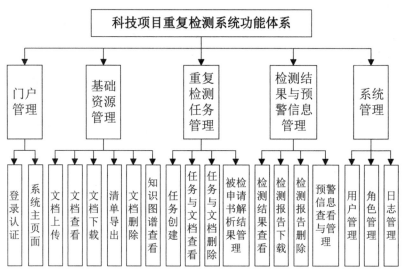

图 8-1　科技项目重复检测系统功能设计

①门户管理。该功能包含登录认证和系统主页两个子功能。登录认证功能用于支持用户身份的认证，要求用户输入用户名、密码以及验证码信息，以保障发起登录行为的是用户本人。系统主页是用户登录后进入到的系统页面，不同身份角色的用户应具有差异化的首页。

②系统管理。该功能包括用户管理、角色管理和日志管理两个子功能，这些功能均只面向管理员开放。其中，用户管理功能支持其进行用户的添加、修改、删除、过期登录控制，以实现系统用户的有效管理；角色管理用于实现角色的增删改查，以更好支持用户

的权限控制；日志管理功能则支持管理员账户查看用户登录的详细信息，包含用户详细账号、用户编码、事件类型、登录时间段等，从而便于追踪用户账号的登录、访问与操作情况，实现用户行为的安全审计。

③基础资源管理。该功能包括基础资源上传、浏览、检索、全文下载、删除、清单导出、知识图谱查看。基础资源上传功能用于支持用户通过单篇、批量方式对 doc、docx、wps 等原生电子文档、pdf 文档、纸质文档扫描件、压缩文件等形态的基础资源进行操作，将其上传至系统基础资源库中；鉴于可能上传或解析失败，因此还需要支持用户进行失败清单和失败文件的导出；基础资源浏览、检索功能用于支持用户通过浏览或搜索的方式查找已入库的基础资源，并支持其查看资源的基础信息并进行资源文件的下载；基础资源删除功能用于支持用户删除已入库的基础资源，以实现对重复资源、误传资源的管理；为支持用户查看基础资源关联组织后的结果状态，还应支持用户进行知识图谱的查看。

④重复检测任务管理。该功能包括重复检测任务创建、检测任务及文档查看、检测任务及文档删除、被检申请书解析结果管理等 4 个子功能。重复检测任务创建用于支持用户创建查重任务，支持单篇和批量申请书的重复检测，支持多种格式文档的提交；检测任务及文档查看用于支持用户对已创建检测任务及任务中文档进行浏览与检索；检测任务及文档删除则是针对历史提交的检测任务或正在进行的检测任务进行处理，支持任务粒度及文档粒度的删除；被检申请书解析结果管理用于支持用户对申请书解析结果的修改，包括项目名称、申请人等基础信息和立项依据、研究方案等正文功能单元，以获得更准确的检测结果，并在完成修改后支持用户按修改的解析结果重新发起重复检测。

⑤结果与预警信息管理。该功能包括查重结果浏览与检索、预警信息查看、查重报告下载、查重结果删除等 5 个子功能。查重结果浏览与检索功能支持用户按任务进行查重结果浏览，按科研人员、科研机构、项目名称等字段进行查重报告检索；预警信息查看功能支持用户浏览发布预警的全部申请书、按任务浏览预警申请

书、查看预警信息全文；查重报告下载功能支持用户对单篇或多篇申请书查重报告的下载，并且对于预警申请书，会将预警信息整合到查重报告中；查重结果删除功能支持用户进行单篇或多篇申请书查重报告的删除操作。

8.2 原型系统设计与实现

以实现科研项目申请书原型系统服务功能体系和非功能性需求为目标，进行了原型系统的设计与实现。囿于篇幅，下面将仅对原型系统的逻辑架构设计、总体技术架构设计与编码实现过程进行阐述，对各功能模块、数据库的详细设计及各功能模块的具体实现过程不再展开说明。

8.2.1 原型系统逻辑架构设计

科研项目申请书重复检测原型系统既涉及与多类型数据的频繁交互，也涉及算法模型的学习训练，以及数据流、业务流的处理响应和与用户的交互。因此，遵循"高内聚，低耦合"的分治思想，逻辑层面上可以将原型系统自底向上可以设计为 4 层架构，包括数据资源层、模型算法层、业务逻辑层和交互界面层，如图 8-2 所示。

（1）数据存储层

数据存储层负责接收与响应模型算法层和业务逻辑层的请求，实现各类数据的存取。科研项目申请书重复检测原型系统中的数据主要包括：①基础资源体系，含作为重复检测基础资源的各类申请书文档、基于基础资源构建的知识图谱、面向重复检测建立的索引数据，以及支持各类算法运行的训练数据、测试数据、基础词表、规则集合；②用户开展重复检测提交的科研项目申请书文档；③重复检测报告及预警信息，含数据库形态的基础数据和文档形态的检

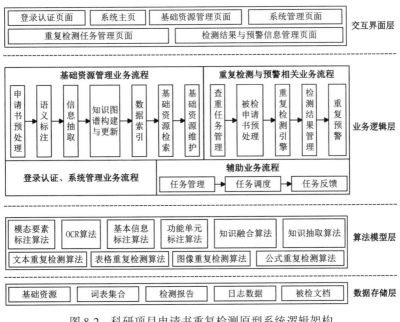

图 8-2　科研项目申请书重复检测原型系统逻辑架构

测报告；④系统运行中产生的各类数据，含用户账号数据、日志信息等。

（2）算法模型层

　　算法模型层主要是支撑基础资源加工处理与重复检测的各个算法模型，其一方面通过与数据层交互，学习算法模型的各个参数，实现算法模型的训练；另一方面接收与响应业务逻辑层的请求，利用训练好的算法对其提交的数据进行处理。原型系统中的主要算法模型包括：①基础资源加工处理与待检测申请书预处理算法，鉴于原型系统中只考虑将申请书作为基础资源，因此基础资源加工处理与待检测申请书的预处理可以采用同样的算法模型，包括模态要素标注算法、OCR 算法、基本信息标注算法、功能单元标注算法、知识抽取算法、知识融合算法；②重复检测算法模型，含面向文本、公式、图像、表格 4 类模态的重复检测算法。

（3）业务逻辑层

业务逻辑层位于交互界面层与数据存储层、算法模型层之间，其负责接收用户通过交互界面提交的请求，并通过运算处理及与数据存储层的交互，向用户请求作出响应，满足用户的需求。按照各个业务流程发生的顺序，其涵盖的功能模块包括：①基础资源管理业务流程，含申请书预处理、语义标注、信息抽取、知识图谱构建与更新、数据索引、基础资源搜索、基础资源维护；②重复检测与预警相关业务流程，含查重任务管理、待检测申请书预处理、重复检测引擎、检测结果管理、重复预警；③登录认证、系统管理业务流程；④支持系统平稳运行的任务管理、任务调度、任务反馈等辅助业务流程。

（4）交互界面层

交互界面层是用户与原型系统交互的媒介，负责接收用户提交的操作请求，并将系统处理结果返回给用户。围绕前文设计的服务功能体系，其构成也包括登录认证页面、系统主页、资源管理页面、重复检测任务管理页面、检测结果与预警信息管理页面、系统管理页面等，部分较为复杂的功能会包含多个页面。

8.2.2　基于微服务的原型系统技术架构设计

良好的技术架构设计是科研项目申请书重复检测系统能够稳定运行的前提和基础。在早期的应用系统开发实践中，应用较为广泛的是单体架构模式，即将系统的功能模块及运行数据视为一个整体，统一进行设计、开发、部署运行①。之后，为克服该架构模式下的代码耦合度高、系统灵活性较差、技术协同能力弱、部署成本

---

① Dragoni N, Giallorrnzo S, Lafuente A, et al. Microservices：Yesterday, today, and tomorrow［J］. Present and Ulterior Software Engineering, 2017（4）：195-216.

较高、可伸缩性较差等弱点①，出现了分布式架构、SOA 架构等新的系统架构模式。

近年来，随着云计算、容器虚拟化以及集成了开发、测试、部署和运营为一体的 DevOps 等技术的兴起和发展，微服务开始受到学界和业界的广泛关注②。该架构可以视为 SOA 架构的一种新型实现模式，基本思路是从功能视角出发将传统的单体应用分拆为多个能够独立设计、开发、部署、运维的软件服务单元，进而通过服务单元间的调度、协调实现系统目标。微服务架构的优势在于，一是实现了系统功能模块的细粒度拆分，每个服务单元都具备特定的功能，易于开发、维护；二是微服务单元独立性较强，可以基于不同编程语言、不同平台开发，并通过接口集成，灵活性更强；三是容错能力更强，单个微服务出现问题不会影响系统整体功能；四是可以按需动态扩展等。鉴于科研项目申请书重复检测系统开发中，涉及不同编程语言、基础平台的集成，实践应用中常常作为科研项目管理系统的组成部分进行部署而非独立系统，因此，更加适合采用微服务模式进行技术架构设计。

参考微服务架构的通用设计思路，并结合科研项目申请书重复检测系统实际，设计了如图 8-3 所示的原型系统技术 5 层架构，自底向上依次为数据管理层、任务调度层、微服务层、网关层、接入层。

①数据管理层。用于实现对系统中各类数据的存取与管理。鉴于原型系统中既有结构化数据，又有各类文件，因此需要同时应用数据库管理系统、分布式文件系统。此外，为提升高频访问数据的处理效率，还需要数据缓存管理工具的支持。

②微服务层。用于将系统各个功能模块构造为松散耦合的微服务单元，提供灵活的服务组装能力，实现功能开发的轻量化。与原型系统逻辑架构中的业务逻辑层与算法模型层相对应，其包括基础

---

① Thönes J. Microservices[J]. IEEE Software，2015，32(1)：116.

② 辛园园，钮俊，谢志军，张开乐，毛昕怡. 微服务体系结构实现框架综述[J]. 计算机工程与应用，2018，54(19)：10-17.

资源管理、重复检测与预警、登录认证、系统管理等 4 组微服务，每组微服务内部包含若干微服务单元。

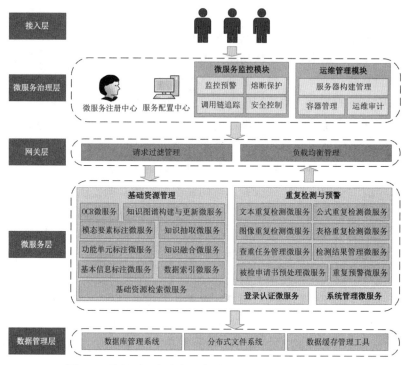

图 8-3　科研项目申请书重复检测原型系统技术架构图

　　③网关层。作为接入层与微服务层的中介，用于将用户通过接入层提交的请求进行过滤，拦截无效请求，并将正常请求转发到对应的微服务进行处理，使得微服务的调用更加简便与安全；同时，还负责实现系统的负载均衡，提升系统的稳定性。

　　④服务治理层。用于支撑服务层与网关层的正常运转，是微服务架构中的通用性必备构成要素，主要包括服务注册中心，用于实现微服务的注册与发现；配置中心，用于管理各个微服务单元的配置信息；服务监控模块，用于实现监控预警、熔断保护、调用链追踪、安全控制等；运维管理模块，用于利用多种工具实现微服务运

维中的服务构建管理、容器管理、运维审计。

⑤接入层。对应于原型系统逻辑架构中的交互界面层,用于实现系统与用户的交互,负责接收用户的请求,并将结果返回给用户。

8.2.3 原型系统技术实现

原型系统技术实现中,选择了 Spring Boot 作为原型系统开发框架,依托 Spring Boot 的 Spring Cloud 进行服务治理模块的开发,数据管理则选择了 Redis、FastDFS、Neo4j 作为实施工具,网关层选择了 Zuul 与 Ngix 作为实现工具,微服务组件开发中使用了 Java 与 Python 两种编程语言,并在机器学习算法开发中使用了 TensorFlow 和 OpenCV 作为基础平台。

(1)Spring Boot 框架。该框架是由 Pivotal 团队于 2013 年提出的一种基于 Spring 的 Java Web 开源框架,不仅继承了 Spring 框架原有的优秀特性,而且还通过简化配置来进一步简化了 Spring 应用的整个搭建和开发过程,让开发者更为注重于程序业务逻辑的实现,进而大大提高了项目开发工作效率,也有助于开发者迅速构造出一个独立的、企业级的应用程序,使得 Spring 这一 Java 开发框架的应用更加便捷。由于原型系统拟以 Java 作为主要开发语言,因此,选择了 Spring Boot 框架进行编码实现。

(2)Spring Cloud。其是依赖于 Spring Boot 的一套微服务解决方案,将适用于微服务架构系统开发的成熟优质组件进行了集成,从而形成了一个简洁、易上手的工具集。Spring Cloud 常用的核心工具组件包括注册中心 Eureka、网关 Zuul、负载均衡 Ribbon、断路器 Hystrix 和远程调用工具 Feign。鉴于 Spring Cloud 与 Spring Boot 的兼容性及解决方案较为成熟,因此原型系统开发中选择了 Spring Cloud 进行微服务架构的编码实现。

(3)数据管理工具选择。为支持重复检测系统的数据管理,原型系统综合采用了 Neo4j、FastDFS 及 Redis 作为工具,其中 Neo4j 用于存储知识图谱数据,FastDFS 用于存储各类文件数据,Redis

213

用于管理缓存数据。由于前文已经就选择 Neo4j 的依据进行说明，下面着重说明 FastDFS 和 Redis 的选择依据。

①分布式文件系统 FastDFS。该系统是一款轻量级的开源分布式文件系统工具，充分考虑了负载均衡、冗余备份、线性扩容的实现，以高可用、高响应为目标，主要针对大数据量的文件存储问题，尤其适合大量中小文件（4KB-500MB）存储。申请书重复检测系统中显然也包括大量的图片文件和申请书文档，其文件大小一般在数 KB 到数 MB 之间，因此适合采用 FastDFS 进行管理。

②Redis 非关系型数据库。Redis 是一款免费开源键值对（Key-Value）数据库管理系统，支持多种数据类型的 Value 值，包含 String（字符串）、List（列表）、Hash（哈希）、Set（集合）和 Zset（Sorted Set）。Redis 提供了快照（snapshotting，RDB）模式和 AOF（append-only file）模式两种不同的数据持久化功能，并采用纯内存方法存储数据，将所有的数据信息都保留在内存中，并不像传统关系型数据库那样直接将所有数据信息都存放在硬盘中，所以也没有磁盘 I/O 限制的瓶颈，使得数据读取速度相当快，因此也被广泛应用在缓存方面。原型系统实现中，选择了该工具进行缓存数据的管理，以提升数据处理效率。

（4）Nginx。系统面临高并发请求时，可能会造成系统延迟甚至服务器崩溃，为提升系统运行的稳定性，越来越多的系统开展了负载均衡管理。Nginx 是轻量级的负载均衡服务器，提供高性能 HTTP 服务、反向代理服务以及邮件代理服务，解决高并发带来的响应速度慢、请求错误率高等问题，同时还具备灵活优秀的模块可扩展性，逐步发展成时下最强劲的高性能 Web 服务器，越来越受青睐。考虑到 Nginx 的这些技术优势，原型系统构建中选择该工具进行系统负载均衡管理。

（5）TensorFlow 和 OpenCV。机器学习与机器视觉算法实现中，为提升算法实现与训练效率，选择了 TensorFlow 和 OpenCV 两个工具。前者是 Google 谷歌人工智能团队开发和维护的机器学习框架，具有较好的运行性能、构架灵活性和可移植性，并于 2015 年 11 月依据阿帕奇授权协议（Apache 2.0 open source license）开放了源代码，目前在科学研究与工业实践中得到了广泛应用。后者是一个应用广泛的开源计算机视觉算法库，由一系列 C 函数与 C++类构成，轻量且高效地实现了图像处理和计算机视觉方面的很多通用算法，能够运行在 Linux、Windows、Mac OS、Android、iOS 等多种操作系统上，支持 C#、Python 和 Java 等多种语言，在多个行业与领域得到了广泛应用。

8.3 基于知识图谱的科技项目原型系统效果展示

在完成原型系统开发基础上，将所采集的 363 篇和 37 篇模拟申请书进行了资源入库，并模拟了一些数据进行重复检测操作，下面选取部分重要功能界面对原型系统的效果进行展示。

8.3.1 基础资源管理功能

依据前文的功能设计，原型系统中的基础资源管理支持用户进行文档的上传、查看、下载、删除、清单导出，以及知识图谱的查看。文档上传方面，支持 doc、docx、wps、pdf、zip 等 5 种格式文件，其中 zip 格式压缩文件中可以包含多篇申请书文档。发起上传后，原型系统不但会将文件存储至服务器，还会自动对其进行解析，从申请书中抽取相应的知识信息并更新至知识图谱，对立项依据、研究对象、研究方案等申请书重要功能单元的内容建立索引，以提升重复检测的效率。

215

(1)基础资源查看与管理页面

为便于用户查看基础资源文档，系统提供了浏览与分面检索两种方式，支持用户按年度、项目类型、申请人、单位、学科进行分面过滤；同时，该页面支持用户发起对文档的多项管理操作，包括文档上传、检索(支持简单检索与高级检索，检索点包括年度、项目类型、申请书、单位、学科、项目名称、主题词等 7 个字段）、单篇与批量下载、单篇与批量删除、全部文档清单与自选文档清单导出，如图 8-4 所示。

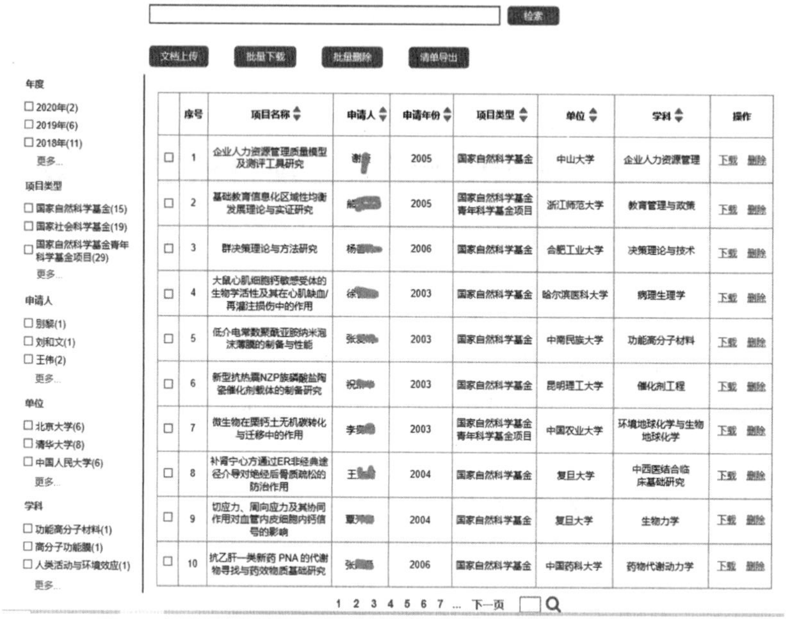

图 8-4　基础资源查看与管理页面示意图

（2）知识图谱查看页面

为便于用户查看原型系统基于项目申请书构建的重复检测知识图谱，支持用户以浏览和检索的方式查看相关数据，展现上支持列表形态和可视化形态。检索方面，支持的检索点包括科研人员姓名、项目名称、单位、学科、主题词、关系等 5 个字段，并支持用户对展示的节点类型进行自主控制。展现方面，列表形态以 3 元组的方式展示与检索对象具有直接关联的节点及关系类型，并支持用户点击节点及关系类型链接查看相关数据；可视化形态支持用户以可视化方式展示与检索对象具有直接关联的节点及关系类型，并支持通过节点点击的方式浏览其他相关结果。

以"基于核酸的重大疾病诊断新策略和新技术研究"为查询条件，可查询到该项目的负责人、参与人员、依托单位、子课题等节点信息及关系，查询结果如图 8-5 所示。黑色节点表示的是该项目，灰色节点表示的是项目的负责人或成员，白色节点表示的是项目的依托单位或合作单位，浅棕色表示的是子课题的信息，其他节点表示的是关键词、研究计划、研究背景、研究内容等信息。

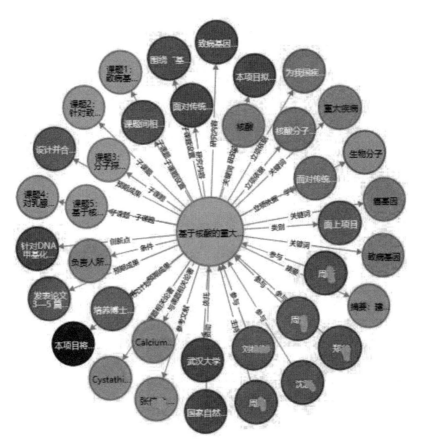

图 8-5 单个科技项目信息可视化示意图

以"雒××"为查询条件，查询其所负责的项目，查询结果如

217

图 8-6 所示。图中央的红色节点为"雒××",与该节点通过"负责"关系连接的橙色节点为雒××所主持申请的科技项目,其他节点为各科技项目的相关信息。

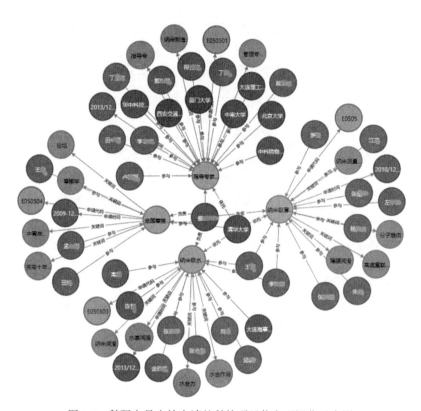

图 8-6 科研人员主持申请的科技项目信息可视化示意图

8.3.2 重复检测任务管理功能

重复检测任务管理功能支持用户创建、查看与删除检测任务,对具体检测任务,查看与删除其中的被检文档;对于被检文档,查看与修改被检申请书的解析结果。

（1）重复检测任务创建页面

重复检测任务创建中，除了与基础资源库中文档进行比对外，用户可能还需要将同时检测的多个文档进行比对，以发现同时提交的申请书之间的内容重复。为此，在重复检测任务创建页面，需要支持用户确认是否进行被检文档之间的重复检测。因此，设计了如图 8-7 所示的重复检测任务创建页面，用户输入重复检测任务名称、上传被检文档、勾选被检文档间是否进行重复检测后，点击提交按钮即可完成检测任务的创建与运行。若勾选了被检文档间进行重复检测，则会首先将被检文档作为基础资源入库处理，之后再进行重复检测，但实施中会剔除被检文档自身。

图 8-7　重复检测任务创建页面示意图

（2）检测任务详情查看与管理页

检测任务详情查看与管理页面，支持用户以浏览的方式查看该任务中的被检文档，展示信息项包括项目名称、申请人、单位、项目类型、年度、检测进度（未检测、已检测），支持通过筛选仅查看未检测或已检测申请书，并支持发起被检申请书解析结果管理、被检文档删除、检测结果及预警信息查看等管理操作，如图 8-8所示。

序号	项目名称	申请人	单位	项目类型	年度	检测进度 ⬥	操作
1	企业人力资源管理质量模型及测评工具研究	谢某	中山大学	国家自然科学基金	2005	未检测	管理解析结果 删除 查看检测结果 查看预警信息
2	基础教育信息化区域性均衡发展理论与实证研究	熊某某	浙江师范大学	国家自然科学基金青年科学基金项目	2005	已检测	管理解析结果 删除 查看检测结果 查看预警信息
3	群决策理论与方法研究	杨某某	合肥工业大学	国家自然科学基金	2006	已检测	管理解析结果 删除 查看检测结果 查看预警信息
4	大鼠心肌细胞钙敏感受体的生物学活性及其在心肌缺血/再灌注损伤中的作用	徐某某	哈尔滨医科大学	国家自然科学基金	2003	未检测	管理解析结果 删除 查看检测结果 查看预警信息
5	低介电常数聚酰亚胺纳米泡沫膜的制备与性能	张某某	中南民族大学	国家自然科学基金	2003	未检测	管理解析结果 删除 查看检测结果 查看预警信息
6	新型抗热震NZP族磷酸盐陶瓷催化剂载体的制备研究	祝某某	昆明理工大学	国家自然科学基金	2003	已检测	管理解析结果 删除 查看检测结果 查看预警信息
7	微生物在稀有土无机碳转化与迁移中的作用	李某某	中国农业大学	国家自然科学基金青年科学基金项目	2003	已检测	管理解析结果 删除 查看检测结果 查看预警信息
8	补肾宁心方通过ER非经典途径介导对绝经后骨质疏松的防治作用	王某某	复旦大学	国家自然科学基金	2004	未检测	管理解析结果 删除 查看检测结果 查看预警信息
9	切应力、周向应力及其协同作用对血管内皮细胞内钙信号的影响	覃某某	复旦大学	国家自然科学基金	2004	未检测	管理解析结果 删除 查看检测结果 查看预警信息
10	抗乙肝一类新药 PNA 的代谢物寻找与药效物质基础研究	张某某	中国药科大学	国家自然科学基金	2006	未检测	管理解析结果 删除 查看检测结果 查看预警信息

1 2 3 4 5 6 7 … 下一页 ▢ Q

图 8-8 检测任务详情查看与管理页面示意图

(3) 被检申请书解析结果管理

鉴于被检申请书的解析结果将会对重复检测产生重要影响，因此，保证解析结果的准确性就十分重要。为克服申请书自动解析可能带来的结果不准确问题，原型系统设置了被检申请书解析结果查看与管理功能，支持用户查看申请书解析结果，并支持对解析不准确的部分进行人工修正。如图 8-9 所示，被检申请书解析结果管理页面分为基本信息抽取结果、立项依据解析结果、研究方案解析结果、创新之处解析结果等多个区域，除基本信息部分为信息项—文本框结构外，其他几个研究内容核心部分均是富文本框，支持用户直接对解析不准确的地方进行编辑修改。

8.3.3 检测结果与预警信息管理功能

检测结果与预警信息管理方面，原型系统设计了检测结果查

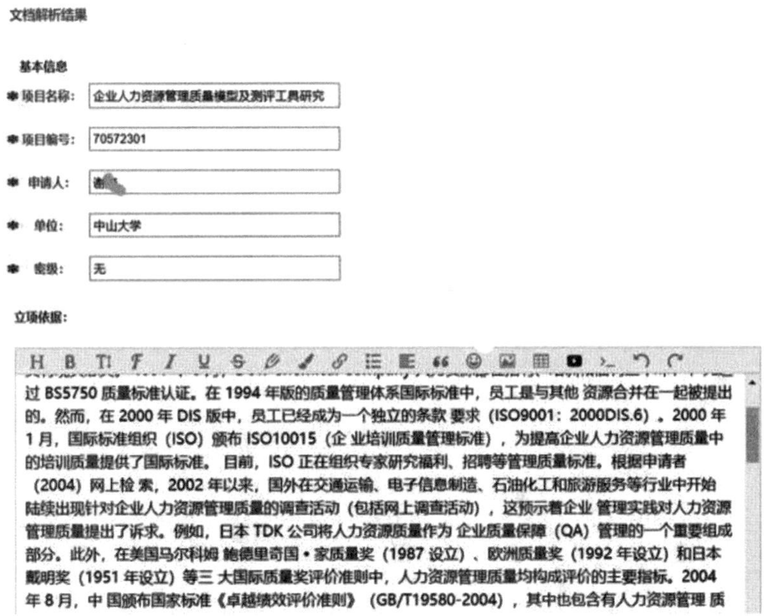

图 8-9　被检申请书解析结果管理页面

看与管理页面，支持用户通过浏览、检索方式查看检测结果，检索点包括任务名称、项目名称、申请人、单位、项目类型、年度，并支持按任务名称、单位、项目类型、年度进行筛选，并在该页面支持用户下载、删除查重报告；预警信息查看与管理页面，支持用户通过浏览、检索方式查看预警信息并进行相应的管理操作。下面分别展示预警信息查看与管理、预警详情和查重报告的页面样式。

（1）预警信息查看与管理

为便于查看预警信息，系统设置了预警信息列表页，支持用户通过浏览、筛选方式进行预警申请书的查找和预警详情的查看，并支持自主选择对象后导出预警文档清单、删除预警信息、下载预警文档的查重报告，如图 8-10 所示。

批量删除　批量下载查重报告　清单导出

	序号	所属任务	项目名称	申请人	单位	项目类型	申请年份	预警等级	操作
☐	1	rw001	企业人力资源管理质量模型及测评工具研究	谢■	中山大学	国家自然科学基金	2005	无	下载查重报告 删除
☐	2	rw001	基础教育信息化区域性均衡发展理论与实证研究	熊■	浙江师范大学	国家自然科学基金青年科学基金项目	2005	无	下载查重报告 删除
☐	3	rw001	群决策理论与方法研究	杨■	合肥工业大学	国家自然科学基金	2006	无	下载查重报告 删除
☐	4	rw001	大鼠心肌细胞钙敏感受体的生物学活性及其在心肌缺血/再灌注损伤中的作用	徐■	哈尔滨医科大学	国家自然科学基金	2003	无	下载查重报告 删除
☐	5	rw001	低介电常数聚酰亚胺纳米泡沫薄膜的制备与性能	张■	中南民族大学	国家自然科学基金	2003	无	下载查重报告 删除
☐	6	rw002	新型抗热震NZP族磷酸盐陶瓷催化剂载体的制备研究	祝■	昆明理工大学	国家自然科学基金	2003	无	下载查重报告 删除
☐	7	rw002	微生物在稀钙土无机碳转化与迁移中的作用	李■■	中国农业大学	国家自然科学基金青年科学基金项目	2003	无	下载查重报告 删除
☐	8	rw002	补肾宁心方通过ER非经典途径介导对绝经后骨质疏松的防治作用	王■■	复旦大学	国家自然科学基金	2004	无	下载查重报告 删除
☐	9	rw003	切应力、周向应力及其协同作用对血管内皮细胞内钙信号的影响	覃■	复旦大学	国家自然科学基金	2004	无	下载查重报告 删除
☐	10	rw004	抗乙肝一类新药 PNA 的代谢物寻找与药效物质基础研究	张■	中国药科大学	国家自然科学基金	2006	无	下载查重报告 删除

图 8-10　预警信息查看与管理页面

（2）预警详情信息

为便于科研管理人员知悉高重复风险申请书的风险等级、基本信息以及疑似重复的内容分布、重点疑似重复对象信息，原型系统在预警详情信息页分成 4 个模块进行预警信息的发布，如图 8-11 所示：①预警等级，用可视化与文字相结合的方式提示用户预警等级，包括 4 个等级，按严重程度分别用红色、橙色、黄色和蓝色标示；②项目基本信息，包括项目名称、申请人、单位、申请项目类型、年度 5 个方面；③疑似重复内容分布，区分功能单元描述重复概况，包括各功能单元的疑似重复文字数量及比例，疑似重复的表格、公式、图片数量；④重点疑似重复对象信息，以表格形式展示重点疑似重复对象的项目名称、申请人、申请单位、项目类型、年度、与被检对象的关系（即被检对象中的申请人、团队成员与疑似重复对象的申请人或团队成员的直接或间隔

【预警等级】一级

【基本信息】

　　项目名称：　企业人力资源管理质量模型及测评工具研究

　　申请人：

　　单位：　　　中山大学

　　项目类型：　国家自然科学基金

　　年度：　　　2005

【疑似重复内容概况及分布】

　　该申请书的立项依据、研究方案、创新之处均存在大面积、连续疑似重复。

申请书功能单元	疑似重复情况
立项依据	疑似重复文字1202个（占比15.1%）
研究方案	疑似重复公式1个、图片1个
创新之处	表格1个

【重点疑似重复对象】

项目名称	申请人	单位	年度	社会关联	重复内容概述
企业人力资源管理质量模型及测评工具研究		中山大学	2004	被检项目申请人与该项目申请人是同一人	疑似重复文字1202个（占比15.1%）；疑似重复公式1个、图片1个、表格1个

图 8-11　预警详情页面示意图

1 人的间接关系）。

（3）重复检测报告

　　为向用户全面展示疑似重复的全部线索并便于概览重要信息，原型系统的重复检测报告在结构上包括被检对象信息、预警信息和疑似重复线索详情 3 个部分。被检对象信息展示项目名称、申请人、单位、申请项目类型、年度等项目基本信息，以及总体疑似重复率；预警信息的结构除不展示被检对象信息外，与前文的预警信息结构一致；疑似重复线索详情部分，逐一详细展示每一个重复线索信息，其结构包括所属功能单元、疑似重复内容（若为文本提示疑似重复的字数，并展示上下文片段以便于用户核实）、被重复对象信息、被重复片段原文，如图 8-12 所示。

223

项目检测报告

报告编号：XM001

送检项目信息

【项目名】企业人力资源管理质量模型及测评工具研究

5.2%
总相似比

申请人： ▮▮▮

单位： 中山大学

项目类型：国家自然科学基金

年度：2005

检测时间：2022-06-20 12:15:10

项目预警信息

【预警等级】一级 🛡

【疑似重复内容概况及分布】

该申请书的立项依据、研究方案、创新之处均存在大面积、连续疑似重复。

申请书功能单元	疑似重复情况
立项依据	疑似重复文字1202个（占比15.1%）
研究方案	疑似重复公式1个、图片1个
创新之处	表格1个

【重点疑似重复对象】

项目名称	申请人	单位	年度	社会关联	重复内容概述
企业人力资源管理质量模型及测评工具研究	▮▮	中山大学	2004	被检项目申请人与该项目申请人是同一人	疑似重复文字1202个（占比15.1%）；疑似重复公式1个、图片1个，表格1个

图 8-12(a)　重复检测报告页面示意图(被检对象及预警信息)

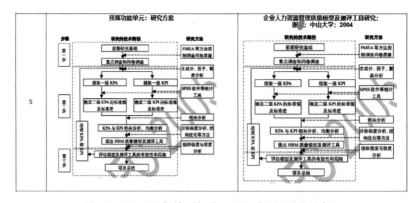

图 8-12(b)　重复检测报告页面示意图(图片重复)

送检项目片段

序号	送检项目片段	相似项目片段
1	**相似字符数：446** **所属功能单元：立项依据** 该课题研究对于丰富和发展我国战略人力资源管理理论，提高中国企业人力资源管理的质量水平，从人力资源管理角度促进中国国家标准的《卓越绩效评价体系》的实践，都具有重要的现实意义。1991 年 6 月，Dow Chemical Company 人力资源部在招聘、培训和福利三件书手册率先通过 BS5750 质量标准认证。在 1994 年版的质量管理体系国际标准中，员工与其他资源合并在一起被提出的。然而，在 2000 年的 DIS 版中，员工已经成为一个独立的条款受到了（ISO9001：2000DIS.6）。2000 年 1 月，国际标准组织（ISO）颁布 ISO10015（企业培训质量管理标准），为提高企业人力资源管理质量中的培训质量提供了国际标准。目前，ISO 正在组织专家研究编码、招聘等管理质量标准。根据申请者（2004）网上检查，2002 年以来，国外在交通运输、电子信息制造、石油化工和建筑等各行业中开始陆续出现针对企业人力资源管理质量的调查活动（包括网上调查活动）。这预示着企业管理实践的人力资源管理质量的提示。例如，日本 TDK 公司将人力资源质量作为企业质量保障（QA管理的一个重要组成部分）。在美国马尔科姆·鲍德里奇国家质量奖（1987 年设立）、欧洲质量奖（1992 年设立）和日本戴明奖（1951 年设立）等三大国际质量奖评价准则中，人力资源管理质量作为评价的主要指标。2004 年 8 月，中国也颁布的国家标准《卓越绩效评价准则》（GB/T19580-2004），其中也包含有人力资源管理质量的指标。	**企业人力资源管理质量模型及测评工具研究；** **谢门；中山大学；2004** 企业人力资源管理质量模型的一个前瞻性理论的展开，也是企业战略人力资源管理实践正在兴起的一种新潮流。且从人力资源管理角度促进中国国家标准的《卓越绩效评价》的成熟，具有现实意义。1991 年 6 月，Dow Chemical Company 人力资源部在招聘、培训和福利三件书手册率先通过 BS5750 质量标准认证。在 1994 年版的质量管理体系国际标准中，员工与其他资源合并在一起被提出的。然而，在 2000 年的 DIS 版中，员工已经成为一个独立的条款（ISO9001：2000DIS.6）。2000 年 1 月，国际标准组织（ISO）颁布 ISO10015（企业培训质量管理标准）。目前，ISO 正在组织专家研究编码、招聘管理质量标准。根据申请者（2004）网上检查，2002 年以来，国外在交通运输、电子信息制造、石油化工和建筑等各行业中开始陆续出现针对企业人力资源管理质量的调查活动（包括网上调查活动）。这预示着企业管理实践的人力资源管理质量的提示。例如，日本 TDK 公司将人力资源质量作为企业质量保障（QA管理的一个重要组成部分）。在美国马尔科姆·鲍德里奇国家质量奖（1987 设立）、欧洲质量奖（1992 年设立）和日本戴明奖（1951 年设立）等三大国际质量奖评价准则中，人力资源管理质量构成评价的主要指标。
2	**相似字符数：344** **所属功能单元：立项依据** 目前，以企业人力资源管理质量为主题的研究成果虽然不多，但是，实证性研究紧紧相关的研究成果自20世纪80年代中期以来却日益增多。国内外学者主要从以下六个角度或领域开展相关研究：(1)企业人力资源管理模式与高绩效工作系统(HPWS)的研究自20世纪50年代美国汽车产业工会工人提出工作生活质量(QWL)问题以来，Guest 模式(1984)、Guest 模式(1987)和Storey 模式等等展开。在国内，张一弛(2004)针对我国企业人力资源管理模式与有制型之间的关系进行了实证研究。于立宏(2004)对最佳导向的人力资源管理模式进行了分析。赵曙明等(2005)对从3P到4P的人力资源管理模式进行了探讨。案例验证结果表明,80年代中期(90年代)、美国最正实施人力资源管理模式的企业数不到全部企业总数的1%。英国的情况也相近似。由此在90年代中期以来，Pfeffer (1994)、Huselid (1995)、Becker (1996)、Kumar (2002)等先后对高绩效工作系统的人力资源问题进行了探讨。国内学者也对此进行了探讨。此外王繁蟹(2004)、张一弛等(2004)、刘鹏仕等(2004)学者也对该问题进行了探讨。	**企业人力资源管理质量模型及测评工具研究；** **谢门；中山大学；2004** 目前，成果较少，但是，实证性研究和紧密相关的研究成果自20世纪80年代中期以来却日益增多。国内外学者主要从以下六个角度或领域开展相关研究：(1)企业人力资源管理模式与高绩效工作系统(HPWS)的研究自20世纪50年代美国汽车产业工会工人提出工作生活质量(QWL)问题以来，Guest 模式(1984)、Guest 模式(1987)和Storey (1992) 模式等等展开。在国内，张一弛(2004)针对我国企业人力资源管理模式与有制型之间的关系进行了研究。于立宏(2004)对最佳导向的人力资源管理模式进行了分析。赵曙明等(2005)对从3P到4P的人力资源管理模式进行了探讨。案例验证结果表明，80年代中末90年代，美国真正实施人力资源管理模式的企业数不到全部企业总数的1%。英国的情况也相近似。在90年代中期以来，Pfeffer (1994)、Huselid (1995)、Becker (1996)、Kumar (2002)等先后对高绩效工作系统的人力资源问题进行了探讨。国内学者也对此进行了探讨。
3	**相似字符数：412** **所属功能单元：立项依据** 20世纪80年代以来，人力资源管理开始向战略人力资源管理转变，Devanna和Fombru(1981)、Wright和Mcmahan(1992)、Delery和Doty(1996)、Charles Greer(2001)等建立了研究、所相环境基础与资源基础的人力资源理论成果。在战略人力资源管理研究中，形成了部分与管理质量最切相关的课题和内容，如AdrianWilkinson等(1992)将TQM与人力资源管理是一致的，Robert L Cardy(1996)对全国质量组织环境评的人力资源进行了研究与对传统人力资源管理方TQHRM进行了比较。Edward W Rogers 等(1998)对在战略人力资源管理中测评难形成效难问题进行了研究。此外，将TQM理论与人力资源管理中测评难度管理的研究也在不断增多，如Ebrahim Soltani等(2003)、马泵测等(2004)的研究。(3)企业人力资源管理的理论与方法成人力资源指标Jack J Phillips (1996) 总结了人力资源会计、人力资源指标等13 种评价理论与方法，赵曙明等(1998) 对此做了评述，并将Rensis Likert提出的，在Frederick E. Schuster(1997)设计的人力资源测量模式(SEI)模式进行了调整研究(SEI)理论了人力资源调查研究(SEI)理论进行了人力资源调查研究(1998, 2001)，Joseph S. Fiorelli (1998)等学者提出组织健康报告法，Brian E. Becker等(2001)等提出人力资源记分卡等评价方法。在国内，吴俊英等等(2001)...	**企业人力资源管理质量模型及测评工具研究；** **谢门；中山大学；2004** ，Devanna和Fombru等人也对此有研究，并形成了环境基础与资源基础的战略人力资源理论成果。在战略人力资源管理研究中，形成了部分与管理质量最切相关的课题和内容，如AdrianWilkinson等(1992)建立TQM与质量人力资源管理是一致的，Robert L Cardy(1996)对全国质量组织环境评的人力资源进行了研究，分别从过程特征和内容特征层面对传统人力资源管理TQHRM进行了比较。Edward W. Rogers等(1998)对在战略人力资源管理中测评难形成效难问题进行了研究。此外，将TQM理论运用人力资源管理中测评难度管理的研究也在不断增多，尤其是质量管理的研究也在不断增多，如Ebrahim Soltani等(2003)、马泵测等(2004)的研究。(3)企业人力资源管理评价测论与方法人力资源管理效果Jack J Phillips (1996) 总结了人力资源会计、人力资源指标等13 种评价理论与方法，赵曙明等(1998) 对此做了评述，并将Frederick E. Schuster(1997)设计的人力资源测量模式(HRI) 进行调整。此外，对于中国国家人力资源(HRI)测量模式(P-CMM)第1版和第2版了研究(1998, 2001)，Joseph S. Fiorelli (1998)等学者提出组织健康报告法，Brian E. Becker等(2001)等提出人力资源记分卡等评价方法。国内研究也在同步进行。
4	**所属功能单元：研究方案** $$\vec{E} = E \propto \lim_{\Delta s \to 0} \frac{\Delta \Phi}{\Delta S} = \frac{d\Phi}{dS}$$	**企业人力资源管理质量模型及测评工具研究；** **谢门；中山大学；2004** $$\vec{E} = E \propto \lim_{\Delta s \to 0} \frac{\Delta \Phi}{\Delta S} = \frac{d\Phi}{dS}$$
4	**所属功能单元：研究方案** $$\vec{E} = E \propto \lim_{\Delta s \to 0} \frac{\Delta \Phi}{\Delta S} = \frac{d\Phi}{dS}$$	**企业人力资源管理质量模型及测评工具研究；** **谢门；中山大学；2004** $$\vec{E} = E \propto \lim_{\Delta s \to 0} \frac{\Delta \Phi}{\Delta S} = \frac{d\Phi}{dS}$$
	所属功能单元：研究方案	**企业人力资源管理质量模型及测评工具研究；** **谢门；中山大学；2004**

图 8-12(c) 重复检测报告页面示意图(文字及公式重复)

	所属功能单元：创新之处		企业人力资源管理质量模型及测评工具研究；谢██；中山大学；2004	
6	序号	概述	阶段	实现目标
	1	在国内首次建立基于超过 1100 家企业实证研究的企业人力资源管理质量模型及测评工具，建立中国第一版的企业人力资源管理质量的标准体系，从人力资源管理角度促进中国国家标准《卓越绩效评价准则》的成熟。	第一阶段	建立基于超过 1100 家企业实证研究的企业人力资源管理质量模型及测评工具，建立中国第一版的企业人力资源管理质量的标准体系，从人力资源管理角度促进中国国家标准《卓越绩效评价准则》的成熟。
	2	将企业全面质量管理的范围从目前研究的类似产品质量（如6σ管理）等领域延伸到企业人力资源管理等软质量管理领域。这类研究在国内尚不多见，申请者检索了 2001–2004 年国家自然科学基金管理科学项目，没有发现雷同资助的同类项目，但已经有相关的资助课题，如冯巧仕（批准号 70472041）等。	第二阶段	将企业全面质量管理的范围从目前研究的类似产品质量等领域延伸到企业人力资源管理等软质量管理领域。

图 8-12(d)　重复检测报告页面示意图(表格重复)

参 考 文 献

[1] 国务院办公厅. 国务院办公厅转发科技部等部门关于国家科研计划实施课题制管理规定的通知[EB/OL]. [2021-10-13]. http://www.gov.cn/zhengce/content/2016-10/11/content_5117424.htm.

[2] 王立东. 试论国家自然科学基金资助项目重复申报问题[J]. 辽宁行政学院学报, 2018(4)：90-93.

[3] 林建海. 相似度计算在科技项目管理系统中的研究及应用[D]. 杭州电子科技大学, 2014.

[4] 徐仲. 两种学术不端检测系统的差异性及问题讨论[J]. 图书馆理论与实践, 2014(8)：20-22.

[5] 张旻浩, 高国龙, 钱俊龙. 国内外学术不端文献检测系统平台的比较研究[J]. 中国科技期刊研究, 2011, 22(4)：514-521.

[6] 蒋勇青, 刘芳, 于洋. 学术文献相似性检测比对资源应用分析与建设策略探究——基于万方检测系统的实证分析[J]. 数字图书馆论坛, 2017, (12)：39-44.

[7] 徐彤阳, 任浩然. 数字图书馆视域下学术论文图像篡改造假检测研究[J]. 现代情报, 2018, 38(7)：81-87.

[8] 张姣. 相似比例在科技论文剽窃检测中的适用性评价[J]. 中国科技期刊研究, 2021, 32(11)：1355-1361.

[9] 曹祺, 赵伟, 张英杰, 赵树君, 陈亮. 基于Doc2Vec的专利文件相似度检测方法的对比研究[J]. 图书情报工作, 2018, 62

（13）：74-81.

[10] 俞琰，陈磊，姜金德，赵乃瑄. 结合词向量和统计特征的专利相似度测量方法[J]. 数据分析与知识发现，2019，3（9）：53-59.

[11] 张新民，张爱霞，郑彦宁. 科技项目查重系统构建研究[J]. 情报学报，2016，35（9）：917-922.

[12] 罗灏. 基于语义的科技项目相似度计算研究[D]. 杭州：杭州电子科技大学，2012.

[13] 李善青，赵辉，宋立荣，等. 基于大数据挖掘的科技项目查重模型[J]. 图书馆论坛，2014（2）：78-83.

[14] 李善青. 一种用于科技项目查重的数据整合及描述模型[J]. 情报工程，2017，3（5）：53-59.

[15] 国家科技管理信息系统公共服务平台[EB/OL].［2022-05-17］. http://service.most.gov.cn/.

[16] NSFC[EB/OL].［2022-05-17］. http://www.nsfc.gov.cn.

[17] 天津市科技发展局[EB/OL].［2022-05-17］. http:/www.teda. gov. cn/website/htmlKkfzij（GGLmore101712015-12-07/Detail_619624.htm.

[18] Verco K L, Wise M J. Software for detecting suspected plagiarism：Comparing structureand attribute-counting systems [C]//ACM International Conference Proceeding Series. 1996，1：81-88.

[19] Grier S. A tool that detects plagiarism in Pascal programs[C]// ACM SIGCSE Bulletin. ACM，1981，13（1）：15-20.

[20] Prechelt L, Malpohl G, Philippsen M. Finding plagiarisms among a set of programs with JPlag[J]. J. UCS，2002，8（11）：1016-1038.

[21] Brin S, Davis J, Garcia-Molina H. Copy detection mechanisms for digital documents[C]//ACM SIGMOD Record. ACM，1995，24（2）：398-409.

[22] ZHANG C, Chen L, Li Q. Chinese text similarity algorithm

based on PST＿LDA［J］. Application research of computers，2016，33（2）：375-377.

［23］王贤明，胡智文，谷琼. 一种基于随机 n-Grams 的文本相似度计算方法[J]. 情报学报，2013，32（7）：716-723.

［24］Stefanovič P，Kurasova O，Štrimaitis R. The n-grams based text similarity detection approach using self-organizing maps and similarity measures［J］. Applied sciences，2019，9（9）：1870.

［25］Kong L，Qi H，Wang s，et al. Approaches for Candidate Document Retrieval and Detailed Comparison of Plagiarism Detection［C］// 2012 Cross Language Evaluation Forum Conference，Working Notes Papers of the CLEF 2012 Evaluation Labs，Rome，Italy，September 17-20，2012. CEUR Workshop Proceedings，2012：1-6.

［26］Islam A，Inkpen D. Semantic Similarity of Short Texts［J］. Recent Advancesin Natural Language Processing. 2007，309：227-236.

［27］Camacho-Collados J，Pilehvar M T，Navigli R. Nasari：a novel approach to a semantically-aware representation of items［C］// Proceedings of the 2015 Conference of the North American Chapter of the Association for Computational Linguistics：Human Language Technologies. 2015：567-577.

［28］Blanco E，Moldovan D. A Semantic Logic-Based Approach to Determine Textual Similarity［J］. IEEE /ACM Transactions on Audio，Speech，and Language Processing，2015，23（4）：683-693.

［29］李茹，王智强，李双红，梁吉业，Collin Baker. 基于框架语义分析的汉语句子相似度计算［J］. 计算机研究与发展，2013，50（8）：1728-1736.

［30］Potthast M，Barron-Cedeio A，Stein B，et al. Cross-language Plagiarism Detection［J］. Language Resources and Evaluation. 2011，45（1）：45-62.

［31］庞亮，兰艳艳，徐君，等. 深度文本匹配综述［J］. 计算机学

报, 2017, 40(4): 985-1003.

[32] Huang P S, He X, Gao J, et al. Learning Deep Structured Semantic Modelsfor Web Search using Clickthrough Data [C]// Proceedings of the 22nd ACM International Conference on Conference on Information & Knowledge Management, Amazon, India, 2013: 2333-2338.

[33] Shen Y, He X, Gao J, etal. A Latent Semantic Model with Convolutional-Pooling Structure for Information Retrieval [C]// ACM International Conference on Conference on Information and Knowledge Management. Shanghai, China, November 3-7, 2014. ACM New York, NY, USA, 2014: 101-110.

[34] Shen Y, He X, Gao J, et al. Learning Semantic Representations Using Convolutional Neural Networks for Web Search [C]// Proceedings of the 23rdInternational Conference on World Wide Web, Seoul, Korea, 2014: 373-374.

[35] Hu B, Lu Z, Li H, et al. Convolutional Neural Network Architectures for Matching Natural Language Sentences [C]// International Conference on Neural Information Processing Systems, Palais des Congres de Montreal, Montreal CANADA, December 8-13, 2014. MIT Press, 2014: 2042-2050.

[36] Palangi H, Deng L, Shen Y, et al. Deep Sentence Embedding Using LongShort-term Memory Networks: Analysis and Application to Information Retrieval[J]. IEEE/ACM Transactions on Audio, Speech and Language Processing (TASLP). 2016, 24(4): 694-707.

[37] Wan S, Lan Y, Guo J, et al. A Deep Architecture for Semantic Matching with Multiple Positional Sentence Representations[C]// The 30th AAAI Conference on Artificial Intelligence. Phoenix, USA, February 12-17. AAAI, 2016: 2835-2841.

[38] Pang L, Lan Y, Guo J, et al. Text Matching as Image Recognition [C]// The30th AAAI Conference on Artificial

Intelligence. Phoenix, USA, February 12-17. AAAI, 2016: 2793-2799.

[39] Zhao S, Huang Y, Su C, et al. Interactive attention networks for semantic text matching[C]//2020 IEEE International Conference on Data Mining (ICDM). IEEE, 2020: 861-870.

[40] Chen S, Xu T. Long Text QA Matching Model Based on BiGRU-DAttention-DSSM[J]. Mathematics, 2021, 9(10): 1129.

[41] 余传明, 薛浩东, 江一帆. 基于深度交互的文本匹配模型研究[J]. 情报学报, 2021, 40(10): 1015-1026.

[42] 李纲, 余辉, 毛进. 基于多层语义相似的技术供需文本匹配模型研究[J]. 数据分析与知识发现, 2021, 5(12): 25-36.

[43] G? rtner T, Flach P, Wrobel S. On graph kernels: Hardness results and efficient alternatives[M]//Learning theory and kernel machines. Springer, Berlin, Heidelberg, 2003: 129-143.

[44] Mahé P, Ueda N, Akutsu T, et al. Extensions of marginalized graph kernels[C]//Proceedings of the twenty-first international conference on Machine learning. 2004: 70.

[45] Borgwardt K M, Kriegel H P. Shortest-path kernels on graphs [C]//Fifth IEEE international conference on data mining (ICDM '05). IEEE, 2005: 8 pp.

[46] Elzinga C H, Wang H. Kernels for acyclic digraphs[J]. Pattern Recognition Letters, 2012, 33(16): 2239-2244.

[47] He J, Liu H, Yu J X, et al. Assessing single-pair similarity over graphs by aggregating first-meeting probabilities[J]. Information Systems, 2014, 42: 107-122.

[48] Milovanovic I Z, Milovanovic E I. Remarks on the energy and the minimum dominating energy of a graph[J]. MATCH Commun. Math. Comput. Chem, 2016, 75: 305-314.

[49] Neumann M, Garnett R, Moreno P, et al. Propagation kernels for partially labeled graphs[C]//ICML-2012 Workshop on Mining and Learning with Graphs (MLG-2012), Edinburgh, UK. 2012:

22-26.

[50] 肖冰, 李洁, 高新波. 一种度量图像相似性和计算图编辑距离的新方法[J]. 电子学报, 2009, 37(10): 2205-2210.

[51] Wang G, Wang B, Yang X, et al. Efficiently indexing large sparse graphs for similarity search [J]. IEEE Transactions on Knowledge and Data Engineering, 2010, 24(3): 440-451.

[52] Zhu G, Lin X, Zhu K, et al. TreeSpan: efficiently computing similarity all-matching [C]//Proceedings of the 2012 ACM SIGMOD International Conference on Management of Data. 2012: 529-540.

[53] Fankhauser S, Riesen K, Bunke H. Speeding up graph edit distance computation through fast bipartite matching [C]// International Workshop on Graph-Based Representations in Pattern Recognition. Springer, Berlin, Heidelberg, 2011: 102-111.

[54] Costa F, De Grave K. Fast neighborhood subgraph pairwise distance kernel[C]//ICML. 2010: 102-111.

[55] Zhao X, Xiao C, Lin X, et al. Efficient graph similarity joins with edit distance constraints[C]//2012 IEEE 28th international conference on data engineering. IEEE, 2012: 834-845.

[56] 王春静, 许圣梅. 基于内容的图像检索的相似度测量方法 [J]. 数据采集与处理, 2017, 32(1): 104-110.

[57] Li Y, Gu C, Dullien T, et al. Graph matching networks for learning the similarity of graph structured objects [C]// International conference on machine learning. PMLR, 2019: 3835-3845.

[58] Bai Y, Ding H, Sun Y, et al. Convolutional set matching for graph similarity[J]. arXiv preprint arXiv: 1810. 10866, 2018.

[59] Bai Y, Ding H, Bian S, et al. Simgnn: A neural network approach to fast graph similarity computation[C]//Proceedings of the Twelfth ACM International Conference on Web Search and Data Mining. 2019: 384-392.

［60］ Ying Z, You J, Morris C, et al. Hierarchical graph representation learning with differentiable pooling［J］. Advances in neural information processing systems，2018，31.

［61］ Lee J, Lee I, Kang J. Self-attention graph pooling［C］// International conference on machine learning. PMLR，2019：3734-3743.

［62］徐建民，许彩云. 基于文本和公式的科技文档相似度计算［J］. 现代图书情报技术，2018，002（10）：103-109.

［63］ Richard Z A, Bo Y B. Keyword and Image-Based Retrieval for Mathematical Expressions［J］. Proceedings of SPIE - The International Society for Optical Engineering，2012，7874（6）：1-10.

［64］秦玉平，唐亚伟，伦淑娴，等. 一种基于二叉树的数学公式匹配算法［J］. 计算机科学，2013，40（5）：251-252.

［65］唐亚伟. 公式相似度算法及其在论文查重中的应用研究［D］. 渤海大学，2013.

［66］陈立辉，苏伟，蔡川，陈晓云. 基于 LaTex 的 Web 数学公式提取方法研究［J］. 计算机科学，2014，41（6）：148-154.

［67］ Kamali S, Tompa F W. Structural Similarity Search for Mathematics Retrieval［C］// InternationalConference on Intelligent Computer Mathem atics，Berlin：Springer，2013：246-262.

［68］ Chen H. Mathematical formula similarity comparing based on tree structure［C］//2016 12th International Conference on Natural Computation, Fuzzy Systems and Knowledge Discovery（ICNC-FSKD）. IEEE，2016：1169-1173.

［69］刘志伟. 数学搜索引擎研究［D］. 兰州大学，2011.

［70］ Zhang Q, Youssef A. An Approach to Math-similarity Search［C］// International Conference on Intelligent Computer Mathematics，Berlin：Springer，2014：404-418.

［71］ Schubotz M, Grigorev A, Leich M, et al. Semantification of

Identifiers in Mathematics for Better Math Information Retrieval ［C］// Proceedings of the 39th International ACM SIGIR Conference on Research&Development in Information Retrieval, New York：ACM，2016：135-144.

［72］ Kristianto G Y, Topi G, Aizawa A. Utilizing Dependency Relationships between Math Expressions inMath IR ［J］. Information Retrieval Journal，2017，20(2)：132-167.

［73］ Kristianto G Y, Goran Topic, Aizawa A. Entity Linking for Mathematical Expressions in Scientific Documents ［C］// International Conference on Asian Digital Libraries，Berlin：Springer，2016：144-149.

［74］杨诗琪. 巡视剑指问题倒逼改革 堵住科研经费"黑洞"［EB/OL］.［2022-05-12］. https：//www.ccdi.gov.cn/yaowen/201506/t20150626_136805.html.

［75］中共科学技术部党组关于巡视整改情况的通报［EB/OL］.［2022-05-03］. https：//www. ccdi. gov. cn/special/zyxszt/2014dylxs/zgls_2014dyl_zyxs/201411/t20141117_30712.html.

［76］国家自然科学基金委员会监督委员会. 2020 年查处的不端行为案件处理决定（第一批次）［EB/OL］.［2022-05-03］. https：//www.nsfc.gov.cn/publish/portal0/jd/04/info80772.htm.

［77］国家自然科学基金委员会监督委员会. 关于中国水利水电科学研究院李贵宝申请国家自然科学基金项目弄虚作假的通报［EB/OL］.［2022-05-03］. https：//www. nsfc. gov. cn/publish/portal0/jd/03/info78044.htm.

［78］国家自科基金委监督委员会. 2019 年查处的不端行为案件处理决定［EB/OL］.［2022-05-03］. https：//www. nsfc. gov. cn/publish/portal0/jd/04/info80773.htm.

［79］全国哲学社会科学工作办公室. 2021 年国家社科基金年度项目和青年项目立项结果公布［EB/OL］.［2022-05-03］. http：//www.nopss.gov.cn/n1/2021/0924/c431027-32235684.html.

［80］教育部社科司关于公布 2021 年度教育部人文社会科学研究一

般项目申报材料审核情况的通知[EB/OL].[2022-05-03].http://www.moe.gov.cn/s78/A13/tongzhi/202105/t20210524_533258.html.

[81] 新京报评论."文章未发表已被抄袭",国家基金项目申请书是否被泄密?.[EB/OL].[2022-05-03].https://baijiahao.baidu.com/s? id=1629301306118118469.

[82] 白冰,高波.国外图书馆资源共享现状、特点及启示[J].中国图书馆学报,2013,39(3):108-121.

[83] Lei Z,Kopak R,Freund L,et al. A taxonomy of functional unit sfor information use of scholarly journal articles[J]. Proceedings of the American Society for Information Science & Technology,2011,47(1):1-10.

[84] 王晓光,李梦琳,宋宁远.科学论文功能单元本体设计与标引应用实验[J].中国图书馆学报,2018,44(4):73-88.

[85] 陈锋,翟羽佳,王芳.基于条件随机场的学术期刊中理论的自动识别方法[J].图书情报工作,2016,60(2):122-128.

[86] JIN W,HO H H,SRIHARI R K. A novel lexicalized HMm-based learning framework for web opinion mining[C]//Proceedings of the 26th annual international conference on machine learning. Montreal Quebec Canada,2019:465-472.

[87] 丁晟春,吴婧婵媛,李霄.基于CRFs和领域本体的中文微博评价对象抽取研究[J].中文信息学报,2016,30(4):159-166.

[88] 尉桢楷,程梦,周夏冰,等.基于类卷积交互式注意力机制的属性抽取研究[J].计算机研究与发展,2020,57(11):2456-2466.

[89] TOH Z,SU J. NLANGP at SemEval-2016 task 5:improving aspect based sentiment analysis using neural network features[C]// Proceedings of the 10th International Workshop on Semantic Evaluation. San Diego,California,2016:282-288.

[90] 胡吉明,郑翔,程齐凯,等.基于BiLSTm-CRF的政府微博

舆论观点抽取与焦点呈现[J]. 情报理论与实践, 2021, 44 (1): 174-179, 137.

[91] GIANNAKOPOULOS A, MUSAT C, HOSSMANN A, et al. Unsupervised aspect term extraction with B-LSTM & CRF using automatically labelled datasets[C]// Proceedings of the 8th ACL EMNLP Workshop on Computational Approaches to Subjectivity, Sentiment and Social Media Analysis. Copenhagen, Denmark, 2017: 180-188.

[92] CHEN Y, PEROZZI B, et al. The expressive power of word embeddings [C]// Proceedings of the 30th International Conferenceon Machine Learning. Atlanta, Georgia, USA, 2013: 1-8.

[93] 王鑫, 邹磊, 王朝坤, 彭鹏, 冯志勇. 知识图谱数据管理研究综述[J]. 软件学报, 2019, 30(7): 2139-2174.

[94] 车成卫. 如何写好科学基金的立项依据和研究方案[J]. 中国科学基金, 2017, 31(6): 538-541.

[95] MUZAFFER G, ULUTAS G. A fast and effective digital image copy move forgery detection with binarized SIFT[C]//2017 40th International Conference on Telecommunications and Signal Processing. Piscataway: IEEE Press, 2017: 595-598.

[96] AL-HAMMADI M M, EMMANUEL S. Improving SURF based copy-move forgery detection using super resolution [C]//2016 IEEE International Symposium on Multimedia. Piscataway: IEEE Press, 2016: 341-344.

[97] CHRISTLEIN V, RIESS C, JORDAN J, et al. An evaluation of popular copy-move forgery detection approaches [J]. IEEE Transactions on Information Forensics and Security, 2012, 7 (6): 1841-1854.

[98] BI X L, PUN C M. Fast copy-move forgery detection using local bidirectional coherency error refinement[J]. Pattern Recognition, 2018(81): 161-175.

［99］ LI H, LUO W, QIU X, et al. Image forgery localization via integrating tampering possibility maps［J］. IEEE Transactions on Information Forensics and Security, 2017, 12(5)：1240-1252.

［100］ LI Y M, ZHOU J T. Fast and effective image copy-move forgery detection via hierarchical feature point matching［J］. IEEE Transactions on Information Forensics and Security, 2018(99)：1.

［101］ PUN C M, YUAN X C, BI X L. Image forgery detection using adaptive over-segmentation and feature point matching［J］. IEEE Transactions on Information Forensics and Security, 2015, 10 (8)：1705-1716.

［102］ AKUTSU T. Tree edit distance problems：algorithms and applications to bioinformatics［J］. IEICE Transactions on Information and Systems, 2010, 93(2)：208-218.

［103］ 张亚芹, 杨鹤标. 基于 Zhang-Shasha 算法的存储过程相似性匹配［J］. 计算机应用研究, 2014, 31(9)：2692-2695.

［104］ Dragoni N, Giallorrnzo S, Lafuente A, et al. Microservices：Yesterday, today, and tomorrow［J］. Present and Ulterior Software Engineering, 2017, 4：195-216.

［105］ Thönes J. Microservices［J］. IEEE Software, 2015, 32(1)：116.

［106］ 辛园园, 钮俊, 谢志军, 张开乐, 毛昕怡. 微服务体系结构实现框架综述［J］. 计算机工程与应用, 2018, 54(19)：10-17.